**Antonio Manuel Otero Dieguez**

# Curso Breve de Métodos Numéricos

Antonio Manuel Otero Dieguez

# Curso Breve de Métodos Numéricos

## Algoritmos

PUBLICIA

Cover image: www.ingimage.com

Publisher:
PUBLICIA
is a trademark of
International Book Market Service Ltd., member of OmniScriptum Publishing Group
17 Meldrum Street, Beau Bassin 71504, Mauritius
Printed at: see last page
**ISBN: 978-620-2-43231-3**

# *CURSO BREVE DE MÉTODOS NUMÉRICOS.*

**Antonio Manuel Otero Dieguez**

**Doctor en Matemática, Maestría en Física Matemática, Matemático.** Formado en la Universidad I.I. Mechnicov, antigua URSS. Académico con 30 años en la academia, dictando cursos de pre y post grados en Universidades en Cuba, y otros países: Brasil, Venezuela, Colombia, Angola, Ecuador. Publicaciones de artículos en variadas revistas indexadas y publicaciones de libros.

Profesor titular a tiempo completo, Universidad Oscar Lucero Moya, Holguin Cuba.

**Email: oteroecuador@gmail.com**

*INTRODUCCIÓN AL ESTUDIO DE LOS METODOS NUMERICOS PARA INGENIEROS.*

*INDICE.*

## PROLOGO.

Aunque, como ciencia estructurada y rigurosa, el área de la Matemática Numérica es relativamente joven (siglos XIX y XX), desde tiempos muy remotos se emplearon métodos numéricos aproximados. En el papiro de Rhind (el documento matemático más antiguo que se conserva) que data de unos 2000 años a. n. e., fruto del desarrollo de la antigua civilización egipcia, aparecen, entre más de 80 problemas resueltos por métodos aproximados, para calcular el área de una circunferencia, tomándola como la de un cuadrado cuyo lado fuera 8/9 del diámetro de la circunferencia. En Babilonia (siglos XX al III, a. n. e.) ya se conocían métodos aproximados para calcular raíces cuadradas. De la antigua Grecia, son famosos los trabajos de Arquímedes (siglo III a. n. e.) sobre la cuadratura del círculo, aproximando una circunferencia mediante polígonos inscritos y circunscritos.
La Matemática Numérica (Análisis Numérico) tiene como propósito el desarrollo de métodos, para la solución de los más diversos problemas matemáticos y de aplicación mediante una cantidad finita de operaciones aritméticas.
El interés en los métodos numéricos ha aumentado. Este interés ha sido estimulado por el desarrollo de la computación y la dificultad o imposibilidad de encontrar respuestas cualitativas aceptables a muchos problemas tecnológicos y sociales mediante las soluciones que los métodos de carácter analítico presentan, a pesar de dar una interpretación y fundamentación rigurosa los métodos analíticos no aportan en muchos casos valores prácticos, a la solución de problemas aplicados en múltiples áreas de las ciencias y la tecnología.
Solucionar un problema por los algorimos que proporciona el nalisis numérico, no es llegar a resultados exactos, el propósito será obtener resultados tan útiles como sea necesario, que representen la solución de modelos matemáticos aplicados para un error admisible. Esto permite elaborar métodos mucho más generales que los

métodos analíticos exactos. Capaces de dar soluciones a problemas de las más diversas áreas del conocimiento, mediante operaciones aritméticas.

Las nuevas Tecnologías de la Informática y las Comunicaciones marcan los avances científicos más relevantes de los siglos XX y comienzos del XXI, lo que obliga a los profesionales del siglo XXI a una superación constante y sistemática que les permita contar con herramientas y métodos efectivos para utilizar las tecnologías existentes y enfrentar con éxitos las misiones en sus esferas de actuación.

Por ¨**Informática**¨ se entiende la ciencia que estudia los procesos de transmisión, acumulación y tratamiento de la información. El término fue introducido por los franceses, ¨**Informatique**¨, a fines de los años 60 del siglo pasado, aunque antes los norteamericanos habían introducido el término ¨**Computer Science**¨ para asignar la ciencia sobre la transformación de la información, basada en las técnicas de cómputo. Hoy ambos términos se emplean como equivalentes.

El rápido ritmo de cambio en el entorno actual caracterizado por la relación creciente entre la Informática, la Matemática y las restantes ciencias, presenta los modelos matemáticos en todas las esferas del conocimiento como una necesidad para la solución de los más variados problemas de la producción y los servicios.

Una vez que el modelo ha sido formulado, el problema más importante que se presenta es hallar su solución.

Este modelo puede presentarse como: una ecuación algebraica, trascendente, sistema de ecuaciones lineales, ecuaciones diferenciales ordinarias, integrales y parciales, entre otros. Formas que relacionan objetos matemáticos abstractos, pero con la capacidad de definir e interpretar fenómenos y procesos del mundo, que llamamos real.

Es un problema complejo, la obtención de los modelos matemáticos. Como resultado de un proceso de observación e idealización (modelación), donde los coeficientes que intervienen se obtienen de mediciones en general experimentales, podemos formularnos la interrogante: **¿De ser posible obtener la solución en términos de una función, que garantía tendremos de que la misma sea capaz**

**de describir las regularidades fundamentales del fenómeno objeto de estudio?** La respuesta a la pregunta anterior es sin duda compleja.

Lo anterior unido a las posibilidades que nos brindan los recursos computacionales, define algunos de los elementos que hacen a los métodos numéricos una opción nada despreciable para la solución de los modelos matemáticos existentes en las más diversas esferas de la producción, servicios y las investigaciones en general.

Nosotros vamos a tratar que nuestro trabajo sirva de ayuda a aquellos que comienzan a introducirse en este complicado pero fascinante mundo de los Métodos Numéricos.

La obra está dirigida a estudiantes que reciben los temas presentados en los currículos de las carreras de ingeniería y docentes que imparten los temas presentados.

Agradeceremos a todo que presente sugerencias y observaciones. Que permitan enriquecer la obra.

**DrC. E.Vazquéz**

# Capitulo I. Diseño y analisis de algoritmos.

En el estudio de los Algoritmos que definen los Métodos Numéricos, las siguientes preguntas se presentan desde el primer momento:

> ¿Qué problemas pueden ser resueltos por un algoritmo (programa) de cómputo?
> ¿Qué soluciones pueden ser obtenidas eficientemente en la práctica?

Intentar dar una respuesta a las mismas debemos definir, de manera precisa, ¿qué entendemos por algoritmo?.

## I.1 Noción de algoritmo.

El concepto de algoritmo procede del nombre del matemático del Asia Central, Al-Jwarizmi en el siglo IX, se empleaba en las matemáticas de la época para designar las reglas de las cuatro operaciones aritméticas, convirtiéndose en una de las nociones básicas de la Matemática. En nuestros días este concepto es usado en muchas esferas de la actividad humana.

Antes de dar la noción de algoritmo aclaremos el término **agente de cómputo** (procesador de la información): es un medio, cuya tarea es: dada una data inicial, ejecutar las reglas del algoritmo, paso a paso, hasta obtener la data final (resultados), este puede ser humano, mecánico, electrónico, etc.

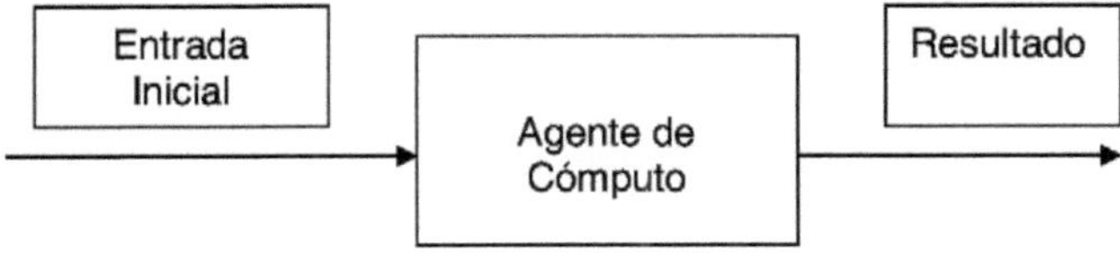

La definición de algoritmo puede ser más específica, pero de manera informal (intuitiva) puede ser enunciado como sigue:

> Un **algoritmo** es un procedimiento finito y sistemático, para procesar información simbólica discreta por un agente de cómputo, paso a paso y sin ambigüedad.

La noción intuitiva de algoritmo por su vaguedad y falta de rigor no puede ser aceptado como una definición formal, por lo que ha sido objeto de estudio continuo de la comunidad de investigadores.
Las tareas típicas del algoritmo fueron: el cálculo numérico, los problemas de ordenamiento y búsqueda. En nuestros días sus esferas se han extendido a la solución de problemas de las más variadas áreas de la actividad humana (la ciencia, la producción, los servicios, etc)
En la teoría clásica de la Informática se consideran dominios de información discretos. El caso de conjuntos de información continua ha sido extendido recientemente por Blum, Shub y Smale (1989). Esta nueva extensión teórica representa un desarrollo importante que extiende los conceptos de recursividad y complejidad a nuevos campos matemáticos como el análisis y la topología.
Nosotros excluiremos el caso en que la información a procesar es un conjunto continuo.

A lo largo de la historia muchos problemas han sido resueltos mediante técnicas de cómputo. Sin embargo, un estudio sistemático de los algoritmos sólo se ha desarrollado a partir de las últimas décadas del pasado siglo.
Dos hechos han contribuido substancialmente al crecimiento de estos estudios. Uno es el estudio de la definición formal de algoritmo a partir de 1936, precedido por los resultados en los estudios de la lógica matemática de finales del siglo XIX. El otro es el desarrollo alcanzado por las computadoras personales, cuyo uso ha invadido

toda la actividad humana lo cual ha requerido de estudios profundos para lograr un uso eficaz de las mismas.

Estos hechos han dado lugar al desarrollo de dos direcciones en el estudio de los algoritmos: **el diseño** (determinar los procedimientos adecuados para resolver el problema con el agente de cómputo de que disponemos) y **la teoría de la complejidad algorítmica** (estudio de la eficiencia, costo en tiempo y recursos con que el agente de cómputo ejecuta un algoritmo que resuelve el problema).

En principio, dado un problema puede determinarse un algoritmo que lo resuelva, si este puede ser formulado de manera lógica, tal que el agente de cómputo sea capaz de comprenderlo y controlar su ejecución paso a paso. Un algoritmo responde a la ecuación, ALGORITMO = LOGICA + CONTROL.

Ésta es una idea importante, según la cual la tarea fundamental del programador es formular lógica y apropiadamente el problema para que la solución sea buscada mediante un algoritmo.

## I.2 Los alfabetos, las palabras, los lenguajes.

La información se transmite por los canales mediante **palabras**, sucesión finita de elementos (caracteres) de un **alfabeto**: conjunto finito no vacío de símbolos. El número de símbolos de la información se llama **longitud de la información**.

**Ejemplo 1**: Como alfabeto podemos tener el sistema decimal D, sistema binario B, los alfabetos de los distintos idiomas en que nos comunicamos.

$D = \{0, 1, 2, 3, 4, 5, 6, 7, 8, 9\}$; $B = \{0, 1\}$

Palabras representadas mediante los elementos de los alfabetos D y B:

$w_D = 21654$, $w_B = 0101$.

Dado un alfabeto $A = \{a_1, a_2, ..., a_n\}$, denotemos por W(A) el conjunto de todas las palabras formadas con los elementos de A. W(A) es un conjunto infinito numerable, es decir existe una biyeccion entre W(A) y el conjunto de los números naturales (**N**).

Sea w una palabra no vacía (las palabras vacías son asociadas con el cero), tal que $w \in W(A)$, numeremos la posición de cada carácter (símbolos) de w comenzando por la derecha, 0, 1, 2,...; entonces si el carácter $a_r$ de w se encuentra en la posición **s** le asignamos un peso igual a $\mathbf{r \times k^s}$, por **k** tomamos el numero de elementos del alfabeto (por ejemplo para el alfabeto D, k = 10; para B, k = 2), r expresa el cardinal del símbolo del alfabeto. Entonces a w le corresponde un número natural que es igual a la suma de los pesos de los caracteres que lo componen. Esta correspondencia se llama numeración k-ádica.

**Ejemplo 2:**

Sea $B = \{a_1, a_2\}$ un alfabeto, donde, $a_1=0$, $a_2=1$; $r =\{ r_1, r_2\}=\{1,2\}$, sea w = 0101 una palabra formada por los caracteres del alfabeto B. Numeremos los caracteres de w con los números enteros no negativos (comenzando por el cero), de derecha a izquierda, $s = \{s_3, s_2, s_1, s_0\}=\{3,2,1,0\}$.

Determinemos el número natural que le corresponde a la palabra w, es decir, la numeración 2-ádica para la palabra w:

$$r_1 x k^{S3} + r_2 x k^{S2} + r_1 x k^{S1} + r_2 x k^{S0} = 1x2^3 + 2x2^2 + 1x2 + 2x2^0 = 20.$$

La numeración k-adica asocia a cada palabra un único número entero no negativo, lo que, la hace diferente a la representación usual en la base k (por ejemplo en la base usual 2 las palabras 0101 y 101 responden ambas al número 5).

$$0101 = 0x2^3 + 1x2^2 + 0x2 + 1x2^0 = 5$$

$$101 = 1x2^2 + 0x2 + 1x2^0 = 5$$

El conjunto de las palabras definidas sobre un alfabeto se llama **lenguaje** sobre este alfabeto. Dado un alfabeto A, sobre el pueden definirse como lenguajes particulares: el vacío Ø, que no contiene palabra alguna, y W(A), el lenguaje completo, que contiene todas las posibles palabras sobre A.

Dado un conjunto discreto de símbolos no vacío M, una representación de M sobre el alfabeto A, es una función inyectiva R: M $\rightarrow$ W(A), que asocia a cada símbolo $s \in M$ una palabras $w \in W(A)$. La función R asocia al conjunto M el lenguaje $L_M$ sobre A, es decir, $L_M = Im(R) \subseteq W(A)$,

$$L_M = \{w: w \in W(A) \text{ y } w = R(s) \text{ para algún } s \in M\}$$

Ahora podemos dar una definición rigurosa (formal) de algoritmo:

**Definición 1:** Un **algoritmo** A, es una terna $(M; L_M; g_L)$, donde M es un conjunto discreto no vacío de símbolos, $L_M \subseteq W(A)$, un lenguaje asociado a M, $g_L: L_M \rightarrow L_M$ una función que transforma las palabras $w \in L_M$ en otras palabras de $L_M$.
En otras palabras, el algoritmo proporciona al agente de cómputo un método sistemático (función) que transforma las palabras $w \in L_M$ en nuevas palabras de $L_M$.

## I.3 Requisitos básicos de los algoritmos.

El requisito básico que debe cumplir un algoritmo, es que el mismo debe ser eficaz, las reglas deben ejecutarse de modo preciso sin ambigüedades.
Asumamos que existe algún agente de cómputo eficaz, es decir, su tarea es realizada mediante un número finito de pasos elementales (instrucciones), en un tiempo prudencial. El procedimiento de cómputo a ejecutar por el agente de cómputo puede contener cualquier número de instrucciones, pero siempre tiene que ser una sucesión finita, que proporcione una notación formal conveniente, mostrando de forma precisa las instrucciones que el agente de cómputo debe ejecutar, y en que orden deben realizarse. La sucesión de instrucciones del procedimiento de cómputo puede depender de los datos de la entrada, según las reglas especificadas; pero nunca se determinarán de manera aleatoria o arbitraria. No se definirá a priori límite en el tamaño de los datos de la entrada e intermedios a procesar, así como de los resultados. Sólo requeriremos que todos sean finitos. En resumen todos los elementos del procedimiento de cómputo (datos, sucesión de instrucciones) a ejecutar por el agente de cómputo tienen que ser finitas.

Como hemos planteado los algoritmos deben ser escritos de forma clara, sin ambigüedades, para que los mismos sean ejecutados de manera eficaz por el agente de cómputo.

Cualquiera que sea la representación que se adopte para escribir un algoritmo, la misma debe cumplir los requisitos siguientes:

a) El algoritmo debe ser comprensible para el agente de cómputo
b) La longitud del algoritmo es finita.
c) Cada paso del algoritmo indica una operación, ejecutable sin ambigüedad en un tiempo finito.
d) El algoritmo recibe los datos de entrada, los procesa y produce nuevos valores como datos de salida.
e) El algoritmo debe terminar para todos los datos de entrada aceptados, en un tiempo finito.

En la práctica, la condición de terminación no es suficiente, para definir cuan eficaz es un algoritmo, la eficacia de un algoritmo significa que el agente de cómputo transforma los valores de la data inicial haciendo uso de los recursos y el tiempo de ejecución de forma eficaz, hasta obtener los valores de la data final.

## I.4 Estructuras de los algoritmos.

La representación (escritura) de los algoritmos está directamente relacionada con el agente de cómputo que va a ejecutarlo: gráfico, seudo-código, lenguaje de programación, etc. Nosotros emplearemos el seudo-código, una representación intermedia entre el lenguaje natural y los leguajes de programación, este queda definido por un sistema de reglas (instrucciones) para la escritura de los algoritmos. Las instrucciones definen la unidad estructural, designa un paso del tratamiento o la representación de la información de cualquier algoritmo.

Como se ha expresado, al ejecutar un algoritmo, este transforma los valores de algunas magnitudes (vamos a considerar la magnitud definida en el conjunto de los números reales), con las cuales opera el algoritmo. Estas magnitudes tienen un nombre **identificador**: secuencia de símbolos que comienza con una letra que las identifica. Las magnitudes se clasifican en constantes y variables (simples y dimensionales). Los valores de las constantes permanecen invariables, mientas que los valores de las variables cambian. El valor de una variable se puede cambiar con ayuda de una instrucción de asignación,

**[identificador] = [expresión]**

[expresión] define una función o constante

**Ejemplo 3:** Perímetro de un triángulo dados sus lados.

P = a +b +c

P = 20

A la variable puede asignarse un valor con ayuda de la instrucción de entrada que transmite el valor de las variables a partir de cierta fuente exterior.

**Entrada [variable 1], [ variable 2], [ variable 3]**

**Ejemplo 4:**

Entrada a, b, c

También existe la instrucción análoga de salida.

**Salida [variable 1], [ variable 2], [ variable 3]**

**Ejemplo 5:**

Salida P

Un elemento útil es el uso de comentarios dentro del algoritmo,

// **[ comentario]**

**Ejemplo 6:** Calcular el perímetro de un triángulo, dado sus lados:

//Cálculo del perímetro de un triángulo.

Entrada a, b, c // lados del triángulo

P = a + b + c

Salida P // perímetro de un triángulo

//Fin del algoritmo

Analicemos ahora el siguiente problema: Dados los lados de un triángulo, se desea clasificarlo en: equilátero, isósceles, escaleno.

Como es conocido un triángulo solamente admite una clasificación de acuerdo a la dimensión de sus lados, por lo que estamos en presencia de la selección de alternativas: Un triángulo se define como equilátero si la dimensión de sus lados son iguales, es decir, a = b = c, por la propiedad de transitividad

a = c; un triángulo es isósceles si dos de sus lados son iguales, es decir, a = b o b = c o a = c; es escaleno si sus lados son diferentes a ≠ b y b ≠c y a ≠ c.

Para expresar la anterior situación se emplea la instrucción de bifurcación (condicional), la cual efectúa la elección de las instrucciones a ejecutar en función del cumplimiento de un conjunto de condiciones (en general estos pueden ser relaciones de orden (≤, ≥, <, >, ≠, =) unidos con los operadores lógicos: y, o, no), como se expresa a continuación,

**Si [relación de oprden1] (operador lógico) [ relación de orden 2]**

**Entonces**

**[ instrucción 1]**

**[ instrucción 2]**

**:**

**Sino**

**[ instrucción 1],**

**[ instrucción 2]**

**:**

**Fin Si**

Cuando se ejecuta la instrucción de bifurcación se realiza solamente un bloque de instrucciones: si las condiciones se cumplen se ejecutan las instrucciones que aparecen después de la palabra reservada Entonces, en caso de no cumplirse la condición se ejecutan las instrucciones que aparecen después de la palabra reservada Sino. Dentro de las instrucciones pueden aparecer otras instrucciones de bifurcación, como se presenta en el ejemplo siguiente.

**Ejemplo 7:** Dados los lados de un triángulo se desea clasificarlo en: equilátero, isósceles, escaleno.

```
// Clasificar un triángulo en: equilátero, isósceles, escaleno.
    Entrada a, b, c  // lados del triángulo
      Si a = b y b = c
              Entonces
                Clas = triángulo equilátero
              Sino Si a = b o b = c o a = c
                          Entonces
                            Clas = triángulo isósceles
                           Sino
                           Clas = triángulo escaleno
                  Fin Si
          Fin Si
      Salida Clas      // clasificación del triángulo.
//Fin del algoritmo
```

Veamos una nueva situación:

Se tiene un conjunto que contiene los lados de **n** triángulos, se desea conocer cuantos triángulos equiláteros, isósceles y escalenos contiene el conjunto.

Hasta el momento fuimos capaces de clasificar un triángulo dado sus lados. La nueva situación nos presenta un conjunto finito o lista determinada de elementos (se conoce de antemano la cantidad de elementos que la componen).

Lo anterior puede ser representado de la forma siguiente: sea un conjunto finito T, cuyos elementos son ternas (vectores de $R^3$),

T= { ($a_1$, $b_1$, $c_1$), ($a_2$, $b_2$, $c_2$),..., ($a_n$, $b_n$, $c_n$) }

Para resolver el problema planteado definiremos la instrucción de iteración (repetitiva o cíclica) con contador:

**Para [ contador]=[ valor inicial] hasta [ valor final] (paso)**

**[ instrucción 1]**

**[ instrucción 2]**

**:**

**Próximo [ nuevo valor del contador]**

El contador toma un valor inicial y se ejecutan las instrucciones que se encuentra entre las palabras reservadas **Para-Próximo** (ciclo). Al llegar a la palabra reservada Próximo el contador se incrementa de acuerdo al valor del paso (cuando no se define se asume como 1). Este proceso se repita hasta que el contador alcance el valor final.

**Ejemplo 8:** Se desea conocer cuantos triángulos equiláteros, isósceles y escalenos, contiene un conjunto de n triángulos.

```
// Determinar total de triángulos equiláteros, isósceles y escalenos
    Entrada n  // total de triángulos a clasificar
    CEQ = 0,  CES = 0, CIS = 0     // valores iniciales de  los contadores
      Para I =1 hasta n
         Entrada a, b, c   // lados del triángulo
         Si a = b y b = c
            Entonces
               Clas = triángulo equilátero
               CEQ = CEQ +1
            Sino Si a = b o b = c o a = c
                          Entonces
                             Clas = triángulo isósceles
                              CIS= CIS+1
```

```
                              Sino
                              Clas = triángulo escaleno
                              CES = CES +1
                  Fin Si
              Fin Si
          Salida  Clas      // clasificación del triángulo.
      Próximo I
      Salida CEQ, CIS, CES // total de triángulos equiláteros, isósceles y   escalenos
//Fin del algoritmo
```

Hay problemas en que se desconoce el tamaño de la lista (lista indeterminada) que va hacer procesada, solamente se conoce una condición que determina el final de la lista (último elemento). En estos casos es necesario emplear la instrucción de iteración con condición

**Mientras [relación de orden1] (operador lógico) [ relación de orden 2]**

**[ instrucción 1]**

**[ instrucción 2]**

:

**Fin Mientras**

Al principio se prueba la condición que aparece después de la palabra reservada **Mientras**, si esta se satisface se ejecutan las instrucciones que se encuentran entre las palabras reservadas **Mientras-Fin Mientras** (ciclo), estas se van a repetir hasta que la condición deje de satisfacerse. Para esto es necesario que las instrucciones que se ejecutan dentro del ciclo influyan en la condición.

**Ejemplo 9:** Se tiene un conjunto finito triángulos, se conoce que el último triangulo es escaleno y las dimensiones de sus lados son: a = 27.5, b = 12.2, c =32. Determine cuantos triángulos equiláteros, isósceles y escalenos, contiene el conjunto.

```
// Determinar total de triángulos equiláteros, isósceles y escalenos
    CEQ = 0, CES = 0, CIS = 0    // valores iniciales de los contadores
          Entrada a, b, c    // lados del triángulo
      Mientras a ≠ 27.5 y b ≠12.2 y c ≠ 32
           Si a = b y b = c
                Entonces
                   Clas = triángulo equilátero
                   CEQ = CEQ +1
                Sino Si a = b o b = c o a = c
                              Entonces
                                 Clas = triángulo isósceles
                                  CIS= CIS+1
                               Sino
                               Clas = triángulo escaleno
                               CES = CES +1
                  Fin Si
            Fin Si
       Salida  Clas      // clasificación del triángulo.
        Entrada a, b, c
Fin Mientras
    Salida CEQ, CIS, CES +1   // total de triángulos equiláteros, isósceles y
escalenos
  //Fin del algoritmo
```

No es difícil ver que una lista determinada puede ser tratada con la instrucción iterativa condicionada, como se muestra a continuación.

Retomemos el problema del ejemplo 8, y escribamos el algoritmo empleando la instrucción iterativa condicionada.

```
// Determinar total de triángulos equiláteros, isósceles y escalenos
```

```
Entrada n // total de triángulos a clasificar
CEQ = 0, CES = 0, CIS = 0    // valores iniciales de los contadores
I = 0    // valor inicial para el contador del ciclo
  Mientras I ≠ n
    Entrada a, b, c  // lados del triángulo
    Si a = b y b = c
       Entonces
          Clas = triángulo equilátero
          CEQ = CEQ +1
       Sino Si a = b o b = c o a = c
                  Entonces
                     Clas = triángulo isósceles
                      CIS= CIS+1
                  Sino
                  Clas = triángulo escaleno
                  CES = CES +1
         Fin Si
    Fin Si
   I = I + 1
  Fin Mientras
  Salida Clas      // clasificación del triángulo.
Salida CEQ, CIS, CES // total de triángulos equiláteros, isósceles y  escalenos
//Fin del algoritmo
```

## I.4.1 Variables dimensionales (arreglos). Algoritmos subordinados.

Las **variables dimensionales** (variables con índices, ejemplo: A(I), B(I, J)), describen las estructuras compuestas de un conjunto de elementos ordenados conforme al valor de los índices, es decir, la posición de los elementos queda definida por los valores de los índices. Las variables dimensionales tienen sus antecedentes en los entes matemáticos, los vectores y las matrices.

A diferencia de las variables simples (cada variable simple almacena un sólo valor), las variables con un índice A(I), almacenan tantos valores como el valor máximo que toma el índice (en el caso de la variable bidimensional B(I; J) estas almacenan un número de elementos igual al producto de los máximos valores de los índices). En la generalidad de los casos se conoce el máximo valor de los índices, siendo muy usada la instrucción iterativa con contador para operar con las variables con índices (lo anterior no significa que no sea utilizada la instrucción iterativa con condición).

**Ejemplo 10:** Determinar la suma de todos los elementos positivos de una matriz n x n.

```
// Suma de los elementos positivos de una matriz.
Entrar n  // número de filas y columnas de la matriz
Sum = 0   //valor inicial de la suma
Para I =1 hasta n  // inicio del ciclo para el índice de las filas
    Para  J =1 hasta n // inicio del ciclo para el índice de las columnas
        Entrar A(I ;J)  // entrada de los elementos de la matriz por filas
          Si  A(I ;J)  > 0
              Entonces
                  Sum = Sum +A(I ;J)
          Fin Si
    Próximo J // próximo valor del índice por las columnas
Próximo I  // próximo valor del índice por las filas
Salida Sum  //valor final de la suma
//Fin del algoritmo
```

Mostraremos ahora como realizar el algoritmo anterior, si se emplea la instrucción iterativa condicional para definir el ciclo,

```
// Suma de los elementos positivos de una matriz.
```

```
Entrar n  // número de filas y columnas de la matriz
Sum = 0   //valor inicial de la suma
I = 1, J = 1  // valores iniciales de los índices de las columnas y las filas
Mientras I ≠ N
    Mientras J ≠ N
        Entrar A(I ;J)  // entrada de los elementos de la matriz por filas
            Si  A(I ;J)  > 0
            Entonces
               Sum = Sum +A(I ;J)
         Fin Si
            J =J +1
      Fin Mientras
       I = I +1
    Fin Mientras
  Salida Sum  //valor final de la suma
//Fin del algoritmo
```

Con frecuencia al desarrollar un algoritmo, resulta posible aprovechar los algoritmos elaborados antes. De tal modo al construir el algoritmo, habitualmente se trata de dividir todo el problema en subproblemas más simples, y si para algún subproblema ya existe el algoritmo, éste puede incluirse en el algoritmo en desarrollo. Esto permite no repetir el trabajo ya realizado, economizar el tiempo.

Los algoritmos acabados, incluidos por completo en el algoritmo que se elabora, se llaman **algoritmos auxiliares o subordinados**, y el algoritmo en que ellos se incorporan se llama algoritmo principal o fundamental.

El empleo de los algoritmos subordinados provoca la necesidad de formalizarlos de modo especial para poder invocarlos en el algoritmo principal, para llamar un algoritmo subordinado desde el algoritmo principal, nosotros utilizaremos la instrucción de llamada al algoritmo subordinado,

**Llamada [nombre] [ (Lista de parámetros) ]**

La ejecución de la instrucción de llamada al algoritmo subordinado equivale a la ejecución del algoritmo subordinado. Luego de la palabra reservada Llamada se escribe un nombre el cual identifica al algoritmo subordinado, la lista de parámetros entre paréntesis, separados por comas, indicándose el nombre de los parámetros de entrada y salida (los parámetros que son transferidos desde el algoritmo principal al algoritmo subordinado, y los resultados que se obtienen en el algoritmo subordinado y son transferidos al algoritmo principal), estos deben aparecer en el mismo orden. Los algoritmos subordinados se escriben al final del algoritmo principal y su nombre tiene que coincidir con el nombre que aparece en la instrucción de llamada al algoritmo subordinado, a continuación la lista de de parámetros entre paréntesis separados por coma en el mismo orden en que aparecen la llamada.

**Ejemplo 11:** Dado un conjunto de n triángulos, se desea conocer:

a) El valor máximo de la sucesión de perímetros.

b) Cuantos triángulos equiláteros, isósceles y escalenos contiene el conjunto.

```
// Algoritmo Principal Triángulos
    Entrada n // total de triángulos
    CEQ = 0,  CES = 0, CIS = 0     // valores iniciales de  los contadores
     Max = 0 ,P = 0      //valor inicial del perímetro máximo, y el perímetro
        Para I =1 hasta n
            Entrada a, b, c  // lados del triángulo
               Llamada CalPer (a, b, c, P)
               Llamada MaxPer (P, Max)
               Llamada ConTipoTrian (a, b, c, CEQ, CES, CIS)
        Próximo I
    Salida Max  //valor del perímetro máximo
    Salida CEQ, CIS, CES // total de triángulos equiláteros, isósceles y escalenos
  //Fin del Algoritmo Principal
      //Algoritmo Auxiliar Calculo Perímetro
```

```
    CalPer (a, b, c, P)
     P = a + b + c
//Fin Algoritmo Auxiliar
//Algoritmo Auxiliar Máximo
    MaxPer (P, Max)
    Si P > Max
              Entonces
                Max = P
    Fin Si
//Fin Algoritmo Auxiliar
//Algoritmo Auxiliar Contar tipo de triángulo
  ConTipoTrian (a, b, c, CEQ,  CES, CIS)
  Si a = b y b = c
      Entonces
          CEQ = CEQ +1
      Sino Si a = b o b = c o a = c
                Entonces
                  CIS= CIS+1
                Sino
                  CES = CES +1
      Fin Si
  Fin Si
//Fin Algoritmo Auxiliar
```

La forma de escribir los algoritmos diseñando el algoritmo principal y los algoritmos auxiliares, es conocida como diseño estructurado (modular) y más que una técnica de diseño constituye una filosofía de programación.

### I.4.2 Algoritmos recursivos y Algoritmos de ordenamiento.

Un **algoritmo recursivo** es aquel que contiene un procedimiento recursivo, un procedimiento recursivo queda definido mediante una **función recursiva**.

La teoría de las funciones recursivas fue desarrollada a finales de la primera mitad del siglo pasado.

Vamos a considerar funciones de $k$ argumentos de la forma:

$$\varphi : N^k \to N,$$

donde $N$ denota el conjunto de los números naturales. Intuitivamente, una *función computable (o calculable)* es una función numérica cuyo valor puede ser hallado mediante algún algoritmo.

Analicemos el caso particular $\varphi(x,y): N^2 \to N$. Supongamos que su valor se halla a través del siguiente esquema de cálculo:

$$\begin{cases} \varphi(0,y) = f(y), \\ \varphi(n+1,y) = F(\varphi(n,y),y). \end{cases}$$

**Definición 2:** Una función numérica cuyo valor se calcula con ayuda de un esquema de cálculo recursivo, se llama *función* **primitiva recursiva**.

**Ejemplos 12:**

1. $\begin{cases} \varphi(0,y) = y, \\ \varphi(n,y) = \varphi(n-1,y)+1. \end{cases}$

Podemos apreciar que $\varphi(1,y) = y+1$, $\varphi(2,y) = y+2$, ..., $\varphi(n,y) = y+n$. Así, por inducción se establece que $\varphi(x,y) = x+y$ - suma de dos números naturales.

2. $\begin{cases} \varphi(0,y) = 0, \\ \varphi(n,y) = \varphi(n-1,y)+y. \end{cases}$

Tenemos que $\varphi(1,y) = y$, $\varphi(2,y) = 2y$, ..., $\varphi(n,y) = ny$. Por tanto, $\varphi(x,y) = xy$ - producto de dos números naturales.

3. Introduzcamos la operación de diferencia truncada:

$$x \dot{-} y = \begin{cases} x - y, & x \geq y, \\ 0, & x < y. \end{cases}$$

Mostremos que esta función es primitiva recursiva. Primero vamos a probar que $x \dot{-} 1$ es primitiva recursiva. De hecho,

$$\begin{cases} 0 \dot{-} 1 = 0, \\ (x+1) \dot{-} 1 = x \end{cases} \Rightarrow \begin{cases} \varphi(0,1) = 0, \\ \varphi(n+1,1) = n. \end{cases}$$

A seguir, es fácil ver que:

$$\begin{cases} x \dot{-} 0 = x, \\ x \dot{-} (y+1) = (x \dot{-} y) \dot{-} 1 = z \dot{-} 1 \end{cases} \Rightarrow \begin{cases} \varphi(x,0) = x, \\ \varphi(x,n+1) = \varphi(x,n) \dot{-} 1. \end{cases}$$

De forma general, la recursividad es un método de definir una función, mediante el cual para una cantidad arbitraria de argumentos, un valor de ella se calcula por medio de un esquema determinado a través de los valores de la función ya conocidos o calculados anteriormente. Así obtenemos:

$$\begin{cases} \varphi(0, y_1, y_2, \cdots, y_{k-1}) = f(y_1, y_2, \cdots, y_{k-1}), \\ \varphi(n, y_1, y_2, \cdots, y_{k-1}) = F(\varphi(n-1, y_1, y_2, \cdots, y_{k-1}), y_1, y_2, \cdots, y_{k-1}). \end{cases}$$

En resumen, un procedimiento recursivo es aquel, en el cual una función se llama a sí. La recursividad es una forma poderosa, elegante y natural de resolver una amplia clase de problemas.

El factorial de un número $n \in \mathrm{IN}$ se define como,

$$\mathbf{n!} = \begin{cases} 1 & \text{si } n = 0 \\ n(n-1)(n-2)...21 & \text{si } n \geq 1 \end{cases}$$

Es decir si n ≥1, n! es igual al producto de todos los enteros entre 1 y n.

Por ejemplo 5!= 5 4 3 2 1=120

Observemos que n! puede escribirse en términos de sí mismo pues si quitamos n, el producto restante es tan solo (n-1)!, es decir,

n! = n (n-1) (n-2)...2 1= n (n-1)!

Por ejemplo 5!= 5 4!

La ecuación n! = n (n-1)!, muestra como descomponer el problema original (calcular n!) en subproblemas cada vez más sencillos (calcular (n-1)!, calcular (n-2)!...). Al final las soluciones de cada subproblema se combinan (multiplicando) para resolver el problema original.

Por ejemplo, el problema 5! se reduce a calcular 4!; el problema 4! se reduce a calcular 3!; el problema 3! se reduce a calcular 2!; el problema 2! se reduce a calcular 1! y el problema 1! se reduce a calcular 0! Que por definición es 1.

Una vez que el problema original se ha reducido a resolver subproblemas, la solución del subproblema más sencillo puede utilizarse para resolver el siguiente subproblema más sencillo, y así sucesivamente, hasta lograr la solución del problema original .

Por ejemplo 5!,

0! = 1

1!=1 0!=1

2!=2 1!=2

3!=3 2!=3 2=6

4!=4 3!=4 6=24

5!=5 4!=5 24=120

Ahora escribiremos un algoritmo para el calculo del factorial, esto no es más que una traducción de la ecuación n! = n (n-1)!.

Para definir un procedimiento recursivo utilizaremos la instrucción,

**Procedimiento [nombre] [ (Lista de parámetros) ]**

**Ejemplo 13:**

```
// Calculo del factorial con recursividad.
 Entrar n
  Procedimiento factorial (n)
   Si n = 0 entonces
                  Fac.= 1
              Sino
                  Fac = (n factorial(n-1))
    Fin Si
 Salida Fac.
```

Consideremos n = 3, como 3 es distinto de 0, la ejecución va a la línea debajo de la palabra reservada Sino, sustituye a n por 3 y llama al procedimiento factorial para el valor n=2, de forma análoga el procedimiento se ejecuta hasta obtener Fac = (3 2 1 factorial (0)), se verifica la condición, por lo que factorial (0) retorna el valor Fac =1.

**Teorema 1:** El algoritmo anterior produce como salida el valor de n!,

Demostración (Por inducción matemática):

**Paso base** (n = 0). Ya hemos observado que para n = 0, el algoritmo produce como salida el valor 1.

**Paso inductivo.** Supongamos que el algoritmo produce correctamente el valor para (n -1)!, n > 0. Ahora supongamos que n es la entrada del algoritmo. Como n ≠ 0, al ejecutar el algoritmo vamos a la línea debajo de la palabra reservada Sino. Por la hipótesis de inducción el procedimiento calcula correctamente el valor (n -1)!. En la línea debajo de la palabra Sino el procedimiento calcula correctamente (n -1)! n = n!

Por tanto el algoritmo produce como salida el valor de n! para cada entero n ≥ 0.

Deben existir ciertas situaciones en las que un procedimiento recursivo no se llama a sí mismo, en caso contrario se llamaría a si mismo por siempre. En el algoritmo anterior, si n = 0, el procedimiento no se llama a sí mismo. Los valores para los que un procedimiento recursivo no se llama a sí mismo son los casos bases. Todo procedimiento recursivo debe tener casos bases para lograr que el procedimiento recursivo concluya.

La inducción matemática nos ha permitido demostrar que un algoritmo recursivo calcula el valor que afirma calcular. Con frecuencia, una demostración por inducción matemática puede considerarse un algoritmo, donde el paso base de inducción corresponde a los casos base de un procedimiento recursivo, y el paso inductivo corresponde a la parte donde el procedimiento recursivo se llama a sí mismo.

Un problema clásico solucionado con la implementación de algoritmos es el siguiente: Dado un conjunto (lista) de *n* elementos $\{a_1, a_2, \ldots, a_n\}$ y una relación de orden (≤) sobre ellos se desea obtener los elementos ordenados de forma creciente (decreciente).
La idea general del ordenamiento consiste en encontrar una permutación que ordene los elementos de la lista. Varios factores pueden influir al ordenar una lista: tipo y tamaño de los elementos, la distribución de los elementos en la lista, el agente de cómputo en donde se encuentran almacenados.
Existen distintos algoritmos, con distintos ordenes de eficiencia, que resuelven el problema de ordenar los elementos de una lista, aquí nos limitaremos a presentar sólo dos de ellos:

**Algoritmo de ordenación secuencial:** Este algoritmo ordena los elementos de la lista en orden creciente (decreciente). La idea del algoritmo consiste en realizar permutaciones de forma secuencial comenzando por el primer elemento de la lista, por ejemplo: sea la lista {7, 8, 3, 5}, ordenémosla de menor a mayor, tomamos el primer elemento y lo comparamos con los restantes elementos permutándolos cuando sea necesario, obtenemos la lista {3, 8, 7, 5}, tomamos el segundo lo comparamos con los restantes elementos y permutamos cuando es necesario, obtenemos {3, 5, 8, 7}, se continua el proceso hasta obtener la lista ordenada {3, 5, 7, 8}.

**Ejemplo 14:**

```
// Ordenar de menor a mayor
Entrar n     //tamaño de la lista
Para I =1 hasta n
  Entrar  A(I)    //elementos de la lista
Próximo I
//ordenamiento secuencial
```

```
Para I =1 hasta n-1
    Para  J = 2 hasta n
        Si A(I) > A(J) entonces
                    Tem = A(J)
                    A(J)=A(I)   //permutación de los elementos
                    A(I) = Tem
        Fin Si
    Próximo J
  Próximo I
Para I =1 hasta n
  Salida  A(I)    // lista ordenada de menor a mayor
Próximo I
// Fin del algoritmo
```

**Algoritmo de ordenación burbuja:** El nombre de este algoritmo trata de reflejar cómo el elemento mínimo "sube", a modo de burbuja hasta el principio de la lista, consiste en recorrer los elementos de la lista tomados los dos consecutivos siempre en la misma dirección, comenzando por el último elemento de la lista intercambiando elementos si fuera necesario, por ejemplo, sea la lista {7, 8, 3, 5}, ordenémosla de menor a mayor, tomamos el último elemento y lo comparamos con el anterior, luego el anterior con el siguiente en la misma dirección continuamos el proceso y obtenemos {3, 7, 8, 5}, a esta nueva lista le realizamos de nuevo el procedimiento anterior, obtenemos la lista ordenada {3, 5, 7, 8}.

**Ejemplo 15:**

```
// Ordenar de menor a mayor
Entrar n      //tamaño de la lista
Para I =1 hasta n
  Entrar  A(I)    //elementos de la lista
Próximo I
```

```
//ordenamiento burbuja
  Para I =1 hasta n-1
     Para  J = n hasta I +1 paso  -1
        Si A(J-1) > A(J) entonces
                     Tem = A(J)
                     A(J)=A(J-1)    //permutación de los elementos
                     A(J-1) = Tem
        Fin Si
     Próximo J
  Próximo I
// Fin ordenamiento burbuja
Para I =1 hasta n
  Salida  A(I)    // lista ordenada de menor a mayor
Próximo I
// Fin del algoritmo
```

## Ejercicios propuestos.

Escribir un algoritmo para calcular:

1. El valor de la función G(y ,z)= $y^2$ + Exp (z/2), donde y =$2x^2$+ x + 1,
   z = $(x^2 + y^2)^{1/2}$.
2. La función:

$$\mathbf{F(x)} = \begin{cases} 1 & \text{si} \quad x \le 0 \\ x^2 & \text{si} \quad 1 \le x \le 2 \\ \dfrac{1}{\mathbf{e}^{(x-1)}} & \text{si} \quad x \ge 3 \end{cases}$$

3. El valor de la función H (y ,z) = Ln ($y^2$ ) – 1/ $z^{1/2}$., donde y =$2x^2$+ x,
   z = x +y.
4. Dados tres ángulos se desea determinar:
   a) Si estos ángulos pueden determinar un triángulo.
   b) Si el triángulo es rectángulo, acutángulo o obtusángulo.
   c) El mayor lado del triangulo.
   d) La diferencia entre la suma de los ángulos interiores y los ángulos exteriores.

Escriba un algoritmo.

5. Dados los valores de verdad de las preposiciones simples p , q. Determine el valor de verdad de las proposiciones compuestas:
   a) p y q ($p \wedge q$)
   b) p o q ($p \vee q$),

Nota: 1 (verdadero), 0 (falso)

| p | Q | $p \wedge q$ | $p \vee q$ |
|---|---|---|---|
| 1 | 1 | 1 | 1 |
| 1 | 0 | 0 | 1 |
| 0 | 1 | 0 | 1 |
| 0 | 0 | 0 | 0 |

Escriba un algoritmo.

6. Dada una sucesión (lista) de **n** números reales. Escriba un algoritmo para:

a) Calcular la suma de los elementos de la sucesión.

b) Determinar el mayor y el menor elemento de la sucesión.

c) Determinar cuantos elementos son mayores que la suma.

7. Escriba un algoritmo para determinar la factorial de un entero no negativo n.

Nota: Escriba un algoritmo donde se emplee la instrucción iterativa con contador y otro donde emplee la instrucción iterativa con condición, para definir el ciclo.

8. Escriba un algoritmo para determinar el mayor y menor elemento de las sumas parciales de una sucesión de n números reales.

9. Escriba un algoritmo para determinar el mayor y menor elemento de las sumas consecutivas de una sucesión de n números reales.

10. Escriba un algoritmo para determinar el máximo común divisor (MCD) de dos enteros no negativos.

11. Dadas dos sucesiones de n números naturales. Escriba un algoritmo para calcular el número de pares de números, correspondiente a cada sucesión, múltiplos entre si.

12. Escriba un algoritmo para contar las consonantes de una frase que contiene 20 caracteres.

13. Escriba un algoritmo para contar las vocales de una frase que culmina con el caracter *.

14. Sea un conjunto cuyos elementos son las palabras del idioma español formadas por 5 caracteres, cuya última palabra es cinco. Escriba un algoritmo para:

a) Determinar cuantas palabras comienzan con vocal y cuantas comienzan con consonante.

b) Calcular el número de vocales de cada palabra.

c) Calcular el total de consonantes del conjunto.

15. Escriba un algoritmo para determinar cuantos números enteros existen en el intervalo [1 ; 1000], que sólo son divisibles por tres números enteros distintos.

16. Dada una matriz de dimensión n x n. Escriba un algoritmo que:

a) Encuentre el mayor elemento de cada columna.

b) Encuentre el menor elemento de cada fila.

c) Calcule: la suma de los elementos no negativos de la diagonal principal y producto de los elementos negativos de la diagonal principal.

d) Calcule la factorial de la suma de los elementos no negativos.

Nota: 1. Escriba un algoritmo donde se emplee la instrucción iterativa con contador y otro donde emplee la instrucción iterativa con condición, para definir el ciclo y las variables indexadas.

2. Escriba el algoritmo empleando algoritmos auxiliares.

17. Para los ejercicios 6, 8, 9, 11, 13, 14, 15 escriba un algoritmo estructurado, empleando arreglos.

18. Escriba el algoritmo estructurado, empleando arreglos para calcular:

$$C_m^n = \frac{n!}{m!(n-m)!},$$ para todo n, m que pertenecen a los naturales.

19. Escriba un algoritmo donde se implemente un procedimiento recursivo para los ejercicios:7 , 10 y 18.

20. Un robot puede dar pasos de 1 o 2 metros. Escribir un algoritmo para el cálculo del número de formas en que el robot puede recorrer n metros.

21. Escriba los algoritmos de ordenamiento para ordenar una lista de mayor a menor. Impleméntelos utilizando instrucción iterativa con condición.

## CAPÍTULO II. Métodos numéricos para calcular raíces reales (ceros) de ecuaciones de una variable real.

Con frecuencia aparecen en la práctica ecuaciones que no pueden ser resueltos por los métodos analíticos exactos y entonces hay que recurrir a la aplicación de los métodos numéricos.

**Ejemplo.**

Se quiere construir un recipiente cilíndrico de 1000 $cm^3$ de capacidad, utilizando la mínima cantidad de material y teniendo en cuenta que es necesario un sobrante de 0,25 $cm$ para poder doblar y soldar el material.

Sean $r$ y $h$ las dimensiones del recipiente. Debe determinarse el mínimo a la función

$S = 2\pi(r + 0{,}25)^2 + (2\pi r + 0{,}25)\, h$, donde $S$ es la superficie en $cm^2$ de material necesario para fabricar el recipiente. Como el volumen de la misma tiene que ser 1000$cm^3$, se tendrá que $\pi.r^2h = 1000$, por lo que $h = \dfrac{1000}{\pi.r^2}$. Sustituyendo $h$ en la expresión de $S$, resulta:

$$S(r) = 2\pi(r + 0{,}25)^2 + (2\pi.r + 0{,}25).\frac{1000}{\pi.r^2}.$$

Es conocido que los posibles extremos ( máximos y mínimos) de una función se alcanzan para los valores de la variable independiente en que la derivada de la función es cero, o no está definida, pero en este último caso la función debe ser continua en dichos puntos.

$\dfrac{dS}{dr} = 4\pi(r + 0{,}25) - \dfrac{2000}{r^2} - \dfrac{500}{\pi.r^3}$ , no está definida para $r = 0$, pero este valor no pertenece al dominio de la función.

De la ecuación $\dfrac{dS}{dr} = 4\pi(r + 0{,}25) - \dfrac{2000}{r^2} - \dfrac{500}{\pi.r^3} = 0$, se infiere que:

$4\pi.r^4 + \pi.r^3 - 2000r - \dfrac{500}{\pi} = 0$. Esta es una ecuación algebraica de cuarto grado, cuyas raíces se pueden calcular por métodos analíticos, pero con gran dificultad.

Para el Análisis Numérico, el estudio de los métodos aproximados, no puede entenderse, sin el estudio de los **errores.** Un método aproximado solo tiene valor si permite, de alguna forma, tener una estimación de la magnitud del error que se comete con su aplicación. El problema presentado, su solución, sin el estudio del error, no garantiza la valides práctica del resultado.

## II.1 Introducción a la teoría de errores.

Sea **x** el valor exacto de un número, $x_o$ valor aproximado conocido de **x**.
Llamamos **error absoluto**, del número aproximado $x_o$, al número positivo $\Delta(x_o)$, tal que,

$$| x - x_o | \leq \Delta(x_o),$$

Este valor representa una cota inferior del error. Cualquier otro valor mayor, también puede ser considerado $\Delta(x_o)$.

Entonces se debe caracterizar la calidad del error aproximación de $x_o$, al valor exacto **x.**
Llamamos **error relativo**, del número aproximado $x_o$, al número positivo $\mu(x_o)$, como la razón entre el error absoluto y el valor aproximado,

$$\Delta(x_o) / | x_o | = | ( x - x_o ) \;/\; x_o | \leq \mu(x_o),$$

se expresa en tanto por ciento.

Se llaman **cifras significativas** de un número aproximado $x_o$, a todas las cifras de su denotación decimal partiendo de la primera no nula a la izquierda.

**Ejemplo:**
Sea $x_o = 0{,}0\underline{31016}$, $x_1 = 0{,}0\underline{3101600}$, valores aproximados. Son significativas las cifras subrayadas.

Cifra significativa la denominaremos **correcta,** si el error absoluto del número no supera ½ , del orden que corresponde a esta cifra.

**Ejemplo.**
Sea $x_o = 0{,}3745$, $\Delta(x_o) = 0{,}0001$.

Se comienza con la primera cifra a la derecha, pues cuando se encuentra la primera cifra significativa, las restantes son cifras significativas correctas.

Para, $5\ 10^{-4} \leq ½\ 10^{-4}$. Entonces son correctas todas las cifras significativas.
Suele escribirse el error absoluto y el error relativo por un valor aproximado que contiene mínimo dos cifras significativas correcta.

Siendo $\mathbf{x_o}$ un valor aproximado del número **x**, con $\mathbf{\Delta(x_o)}$. Se escribe,

$$\mathbf{x = x_o \pm \Delta(x_o)}$$

Lo anterior expresa que el valor exacto, queda definido en el intervalo de confianza (tolerancia),

$$\mathbf{x_o - \Delta(x_o) \leq x \leq x_o + \Delta(x_o)},$$

la igualdad se entiende, cuando que el valor aproximado coincide con el valor exacto. Se aconseja escribir $\mathbf{x_o}$, $\mathbf{\Delta(x_o)}$ con un número igual de cifras decimales.

**Ejemplo:**
$x = 7{,}234 \pm 0{,}003$
$7{,}234 - 0{,}003 \leq x \leq 7{,}234 + 0{,}003$

De forma análoga, siendo $\mathbf{x_o}$ un valor aproximado del número **x**, con $\mathbf{\mu(x_o)}$. Se escribe,
$\mathbf{x = x_o \pm x_o\ \mu(x_o)}$
$\mathbf{x_o - x_o\ \mu(x_o) \leq x \leq x_o + x_o\ \mu(x_o)}$

**Ejemplo:**
$x = 3{,}234 \pm 3{,}234\ (0{,}001)$
$3{,}234 - 3{,}234\ (0{,}003) \leq x \leq 3{,}234 + 3{,}234\ (0{,}003)$.

## II.2 Métodos aproximados para calcular las raíces reales (ceros) de ecuaciones de una variable real.

Dada la función $f(x)$ continua , diferencible en un intervalo $I = [a;b]$.

**Problema.**

Determinar y calcular, los valores $x_i \in I$, tal que, $f(x_i) = 0$, para $i = 1, 2, ..., n$. El intervalo $I$ en que se buscan las raíces puede ser cerrado o no y su amplitud puede ser incluso infinita.

Un algoritmo para el cálculo de las raíces reales de una ecuación por un método numérico puede definirse en dos etapas.

- **Separación de la raíz.**

Determinar la **existencia** y **unicidad** de la raíz de la función en un intervalo $I$ = $[a;b]$.

- **Calculo del valor aproximado de la raíz.**

Aplicación de un algoritmo para hallar el valor, aproximación deseada de la raíz, con el error requerido.

## Separación de raíces.

La técnica más elemental para separar raíces es el método gráfico, utiliza el hecho de que las raíces reales de la ecuación $f(x) = 0$ son las abscisas de los puntos en que la gráfica de la función $y = f(x)$ corta al eje de las abscisas, eje OX.

De esta forma no se pueden determinar las raíces con precisión, pero si se pueden acotar (encerrar) dentro de intervalos suficientemente pequeños. Donde se garantiza la existencia y unicidad del valor x , donde f ( x ) = 0.

En la actualidad existen varios asistentes matemáticos que grafican funciones, por lo que el método gráfico es sumamente atractivo y eficiente.

Por lo general, se comienza graficando la función $f(x)$ en un intervalo grande y se van precisando intervalos de búsqueda más pequeños, en los cuales se grafica la función, hasta obtener un intervalo en que solamente esté contenida la raíz que interesa.

Otra variante del método grafico es expresar la función como,
$f(x) = f_1(x) + f_2(x) = 0$, $f_1(x) = -f_2(x)$.
Graficar las funciones $f_1(x)$, $f_2(x)$, sobre el mismo sistema coordenado. Las abscisas de los puntos de intersección de las curvas de las funciones $f_1(x)$, $f_2(x)$, definen el cero (raíz) de f ( x ).

**Ejemplo.**

Dada la ecuación f ( x ) = $x^2 - 1 - \arctan x = 0$.

Separe las raíces, se encuentre en un intervali de longitud tan en el intervalo.

f ( x ) = $f_1$ ( x ) + $f_2$( x ) = 0,  $f_1$ ( x ) = - $f_2$( x ).

Como muestra la gráfica de las funciones $f_1(x) = x^2 - 1$ y $f_2(x) = \arctan x$.

La abcisa de los puntos en que se corten (intersectan), las curvas, representación geométrica de las funciones .

$f_1$ ( x ), $f_2$( x ), definen los ceros reales, de la función f ( x ).

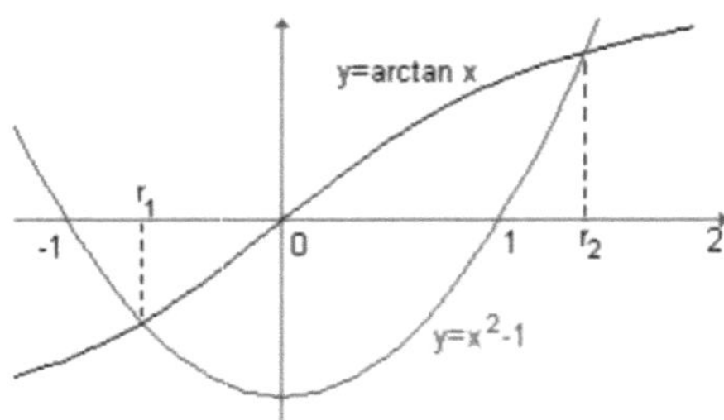


## II.3 Estudio analítico de la separación de raíces de una ecuación de una variable real.

Dada f (x), definida en el intervalo $I$ = $[a;b]$, a, b ∈ R, continua y difenciable.

Mostrar que en $I$ , existe al menos un $x_i \in I$ , tal que, $f(x_i) = 0$ , para ***i* = 1,2,3, ... ,n** .

TEOREMA DE BOLZANO

existe al menos un $x_i$, tal que, $f(x_i) = 0$ .

mostrar $x_i$ es único en $I$ (sólo un x, donde $f(x) = 0$.

TEOREMA DE LA PRIMERA DERIVADA

Si $f'(a).f'(b) > 0$ entonces en $I$ es único x, para el cual, $f(x) = 0$

Ejemplo.

Dada la ecuación $x^2 - 1 - \arctan x = 0$. Separe las raíces de la misma.
Emplear el método gráfico de separación de raíces, resulta conveniente expresar la ecuación en la forma $x^2 - 1 = \arctan x$. De este modo las raíces son las abscisas de los puntos de intersección de las gráficas de las funciones $f_1(x) = x^2 - 1$ y $f_2(x) = \arctan x$ . las abscisas de los puntos de intersección de las funciones $f_1(x)$ y $f_2(x)$ , son los que debemos separar en intervalos.

Como muestra la gráfica de las funciones $f_1(x) = x^2 - 1$ y $f_2(x) = \arctan x$.

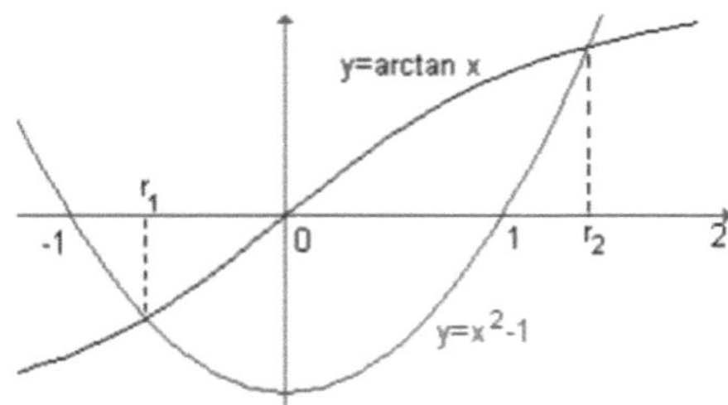


Al analizar el gráfico se observa, que la ecuación posee 2 raíces, una se encuentra en el intervalo $[-1;\ 0]$, la otra en $[1;\ 2]$.
Consideremos el intervalo $[1;\ 2]$, entonces, $f(1).f(2) < 0$ (TEOREMA DE BOLZANO), dado que $f(x)$ es continua en $[1;\ 2]$, se concluye que en el intervalo $[1;\ 2]$ existe al menos una raíz de $f(x) = 0$ . Y dado que $f'(1).f'(2) > 0$ (TEOREMA DE LA PRIMERA DERIVADA), se verifica lo que el grafico muestra, que sólo hay una raíz positiva, en el intervalo $[1;\ 2]$.

Pedimos al lector que verifique las condiciones en $[-1;\ 0]$.

## II.4 Método de bisección.

Es un método simple y seguro para hallar las raíces reales de una ecuación. Como se verá impone premisas muy poco exigentes, que permite abarcar una clase amplia de funciones. Se obtiene un valor aproximado con un error deseable.
Si es cierto no es un método con una velocidad de convergencia rápida, respecto a otros métodos. Hoy esa desventaja con el desarrollo de las tecnologías de cómputo y la simplicidad del algoritmo lo hace muy universal y eficiente.

Premisas:

Sea la ecuación $f(x)=0$ y un intervalo $[a;b]$, se cumple:

1- $f(x)$ es continua en $[a;b]$.

2- En el intervalo la ecuación tiene al menos un valor x, tal que, $f(x)=0$. Significa que $f(x)$ tiene signos diferentes en los valores $a$ y en $b$ del intervalo, es decir , $f(a).f(b)<0$.

3- En el intervalo el valor x, tal que, $f(x)=0$, es único. Significa que $f'(x)$ tiene signos iguales en los valores $a$ y en $b$ del intervalo, es decir, $f'(a).f'(b)>0$.

El método consiste en aproximar la raíz de la ecuación, como el punto medio del intervalo $[a;b]$. Evaluando la función en dicho punto se decide si la raíz se encuentra en la mitad izquierda del intervalo o en su mitad derecha. De esta forma una de las dos mitades queda descartada y la amplitud del nuevo intervalo de búsqueda es exactamente un medio del anterior. A medida que este proceso se repite el intervalo de búsqueda va disminuyendo en un medio la amplitud. Si se conviene en llamar $[a_1;b_1]$ al intervalo inicial, entonces, en la iteración número $n$ del método se tiene:

$$x_n=\frac{a_n+b_n}{2}, \qquad n=1,2,3;...$$

con error absoluto máximo $E_m(x_n)=\dfrac{b-a}{2^n}$.

Es simple mostrar que si n tiende a infinito, entonces el error absoluto máximo es igual cero, $\lim\limits_{n\to\infty}\dfrac{b-a}{2^n}=0$.

Al evaluar la función $f(x)$ en $x_n$ se selecciona el nuevo intervalo de búsqueda $[a_{n+1};\ b_{n+1}]$ de acuerdo con la regla siguiente:

Si $f(a_n).f(x_n)<0$, entonces la raíz se encuentra en $[a_n;\ x_n]$ y se escoge $a_{n+1}=a_n$.

Si $f(x_n).f(b_n)<0$, entonces la raíz se encuentra en $[x_n;\ b_n]$ y se escoge $b_{n+1}=b_n$.

$f(x_n)\ f(b_n)=0$, entonces $x_n$ es la raíz buscada y no hay que continuar.

Ejemplo.

Dada la ecuación $f(x)=x^2-1-\arctan x=0$

Determine un valor aproximado de la mayor raíz de la ecuación aplicando 3 pasos del método de Bisección

Solución.

| n | $a_n$ | $b_n$ | $x_n$ | $\Delta x_n$ |
|---|---|---|---|---|
| 0 | 1 | 2 | 1.5 | 0.5 |
| 1 | 1 | 1.5 | 1.25 | 0.25 |
| 2 | 1.25 | 1.5 | 1.375 | 0.125 |
| 3 | 1.375 | 1.5 | 1.4375 | 0.0625 |

Convergencia del Método.

Si en el intervalo $[a;\ b]$ la función $f(x)$ satisface las premisas del método de bisección y las aproximaciones $x_n\ (n=1,2,3;...)$, son halladas aplicando dicho procedimiento, entonces la sucesión $x_1, x_2, x_3, \ldots$ converge hacia la solución de la ecuación $f(x_n)=0$ en el intervalo $[a;\ b]$.

Condición de terminación.

Si se desea obtener la raíz de la ecuación con un error absoluto menor que $\varepsilon$, el método de Bisección se llevará a cabo hasta la aproximación $x_n$ para la cual:

$$E_m(x_n)=\frac{b-a}{2^n}\le \varepsilon.$$

En este método se puede determinar, antes de comenzar, el número de iteraciones que será necesario realizar para alcanzar una cierta precisión, pues dado que: $E_m(x_n)=\frac{b-a}{2^n}\le \varepsilon,$ si se desea un error absoluto menor que $\varepsilon$, será necesario repetir el algoritmo hasta un valor de $n$, tal que, $\frac{b-a}{2^n}\le \varepsilon,$ de donde se puede despejar $n$, aplicando **ln**, ambos miembros, obtenemos, $n\ge \frac{\ln\left(\frac{b-a}{\varepsilon}\right)}{\ln 2}$. Donde, por **n** debe tomarse el entero por exceso.

**Ejemplo.**

Determine cuántas iteraciones del método de Bisección se necesitan para obtener la raíz de una ecuación, si dicha raíz está separada dentro de un intervalo, de amplitud igual 10, con un error absoluto $\varepsilon = 0{,}5\,10^{-5}$.

Solución.

$b - a = 10$ y $\varepsilon = 0{,}5.10^{-5}$.

$$n \geq \frac{\ln\left(\frac{b-a}{\varepsilon}\right)}{\ln 2} = \frac{\ln\left(\frac{10}{0{,}5.10^{-5}}\right)}{\ln 2} = 19{,}93157.$$

Como se ve con 20 iteraciones se logra la exactitud deseada.

## II.5 Método de Newton-Raphson.

El algoritmo de Bisección es uno de los métodos de encaje de intervalos, se comienza con un intervalo de búsqueda y todo el proceso transcurre dentro de dicho intervalo, reduciéndolo, hasta un intervalo tan pequeño como el error lo decida. El método de Newton - Raphson es uno de los métodos iterativos de punto fijo; en ellos se tiene una aproximación inicial $x_0$ de la raíz x de la ecuación y mediante una ecuación de iteración, sobre $x_0$, se obtiene otra aproximación $x_1$; y así sucesivamente, se obtienen los elementos de una sucesión de aproximaciones, que bajo el cumplimiento de cierta condición (condición de convergencia), la sucesión de valores aproximados, converge hacia x, la raíz buscada.

Sea $f(x)=0$ la ecuación cuya raíz x se desea hallar. Se Supone que $x_{n-1}$ es un valor próximo a x. Por el punto $(x_{n-1}; f(x_{n-1}))$ se traza una recta $L$, tangente a la gráfica de la función $y = f(x)$. La ecuación de la recta $L$ viene dada por:

$y - f(x_{n-1}) = f'(x_{n-1})(x - x_{n-1})$. Evaluando esta expresión para el punto $(x_n; 0)$ y despejando $x_n$, se obtiene que;

$$x_n = x_{n-1} - \frac{f(x_{n-1})}{f'(x_{n-1})}$$

Ecuación de iteración del método de Newton-Raphson.

Otra idea que se puede emplear para obtener la ecuación de iteración del método de Newton-Raphson. Es la siguiente:

Sea la serie de Taylor en una vecindad del punto $x_o$, en la forma,

$$f(x)=f(x_o)+\frac{f'(x_o)}{1}(x-x_o)+\frac{f''(x_o)}{2}(x-x_o)^2+...+\frac{f^n(x_o)}{n!}(x-x_o)^n+R_{n+1}(x_o)$$

Trunquemos la serie en sus dos primeros sumandos,

$f(x)=f(x_o)+\frac{f'(x_o)}{1}(x-x_o)$, consideremos un punto x = $x_1$, donde $f(x_1)$ = 0, entonces,

$$0=f(x_o)+\frac{f'(x_o)}{1}(x_1-x_o),$$

Despejando $x_1$, tenemos,

$$x_1=x_o-\frac{f(x_o)}{f'(x_o)}$$

Siguiendo esta línea de pensamiento constructivista llegamos a,

$$x_n=x_{n-1}-\frac{f(x_{n-1})}{f'(x_{n-1})}$$

**Convergencia del Método.**

Teorema.

Sea x la única raíz de $f(x)=0$ , en $[a,\ b]$. Sean $f'(x)$ y $f''(x)$ continuas y no nulas en $[a,\ b]$. Sea $x_0$ un elemento de $[a,\ b]$ tal que $f(x_0).f''(x_0)>0$. Entonces, si:

$x_n=x_{n-1}-\frac{f(x_{n-1})}{f'(x_{n-1})}$ , para $n=1,2,3,...$ , se cumple que $\lim_{n\to\infty} x_n = x$

Condición de terminación o parada.

Si se desea obtener una raíz de la ecuación con un error menor que $\varepsilon$ el método de Newton -Raphson se llevará a cabo hasta la aproximación $x_n$ para la cual:

$|x_n-x_{n-1}|<\varepsilon.$

Observaciones.

El método de Newton-Raphson es generalmente, un método de convergencia rápida, aunque esta rapidez depende de la función $f(x)$ y de la aproximación inicial que se elija.
Aunque las condiciones de convergencia son más exigentes que en otros métodos, las mismas se satisfacen si el intervalo $[a, b]$ donde está separada la raíz, se toma suficientemente pequeño, en este caso la selección del punto de partida $x_0$ no es muy importante, pero cuando el intervalo es mayor, debe tenerse cuidado al seleccionar a $x_0$ , de manera que el signo de $f(x_0)$ sea el mismo que el de $f''(x_0)$ .

Ejemplo.

Dada la ecuación $x^3 + x - 1 = 0$
a) Verificar que en el intervalo $[0, 1]$ está separada una raíz de la ecuación.
b) Determinar la raíz separada en $[0, 1]$ con una precisión de tres cifras significativas correctas por los métodos de Bisección y Newton-Raphson.
c) Establecer una comparación entre los métodos anteriores en base a su interpretación geométrica, condiciones que garantizan la convergencia del método, rapidez de convergencia y forma de estimar el error absoluto.

Solución.

a.- Empleando el método analítico de separación de raíces se tiene:
$f(x) = x^3 + x - 1$

- es continua en [ 0, 1]
- $f(0)\ f(1) < 0$
- $f'(0)\ f'(1) > 0$

lo que garantiza que en el intervalo [ 0, 1] se encuentre una y sólo una raíz de la ecuación.

b.- Una aproximación $x_n$ de la raíz tiene una precisión de tres cifras significativas correctas si

$$\mu(x_n) = \frac{\Delta x_n}{|x_n|} \leq 0.5 10^{1-3} = 0.05 .$$

**Este puede ser un el criterio de parada en el proceso iterativo, para diferentes métodos.**

**Método de Bisección:**

Convergencia garantizada, pues sólo requiere que la raíz este separado.

| $n$ | $a_n$ | $b_n$ | $x_n$ | $\Delta x_n$ | $\mu x$ |
|---|---|---|---|---|---|
| 0 | 0 | 1 | 0.5 | 0.5 | 1 |
| 1 | 0.5 | 1 | 0.75 | 0.25 | 0.333333 |
| 2 | 0.5 | 0.75 | 0.625 | 0.125 | 0.2 |
| 3 | 0.625 | 0.75 | 0.6875 | 0.0625 | 0.090909 |
| 4 | 0.625 | 0.6875 | 0.65625 | 0.03125 | 0.047619 |
| 5 | 0.65625 | 0.6875 | 0.671875 | 0.015625 | 0.023256 |
| 6 | 0.671875 | 0.6875 | 0.679687 | 0.007812 | 0.011494 |
| 7 | 0.679687 | 0.6875 | 0.68359375 | 0.003906 | 0.005714 |
| 8 | 0.679687 | 0.68359375 | 0.681640625 | 0.001953 | 0.002865 (<0.005) |

$x_8$=0.681640625 con error relativo $\mu(x_8)$=0.002865 (<0.005)

**Método de Newton-Raphson:**

Convergencia garantizada tomando $x_0$=1,

$$f(1)f''(1) > 0$$

| $n$ | $x$ | $\Delta x_n$ | $\mu x_n$ |
|---|---|---|---|
| 0 | 1 | | |
| 1 | 0.75 | 0.25 | 0.333333 |
| 2 | 0.686046 | 0.06395 | 0.093220 |
| 3 | 0.682339 | 0.00371 | 0.005433 |
| 4 | 0.682328 | 0.000011 | 0.000016 (<0.005) |

$x_4$=0.682328 con error relativo $\mu(x_4)$=0.000016 (<0.005)

c)

| Método | Interpretación geométrica | Condiciones de convergencia | Rapidez de conv. | Error absoluto |
|---|---|---|---|---|

| | | | | |
|---|---|---|---|---|
| Bisección | $x_n$ es el punto medio del intervalo $[a_n, b_n]$ | Converge siempre que la raíz este separada en un intervalo. | n = 8 | $\Delta x_n = \frac{b_n - a_n}{2}$ |
| Newton-Raphson | $x_n$ es el intercepto con el eje x de la recta tangente a la curva en el punto $(x_{n-1}, f(x_{n-1}))$ | $f(x_0).f''(x_0) > 0$. f(x) cont. en [a, b] | n = 4 | $\Delta x_n = \lvert x_n - x_{n-1} \rvert$ |

**Todo lo estudiado es válido para el estudio y calculo aproximado de las raíces rales de ecuaciones trancedentes y algebraicas.**

En el estudio de las ecuaciones algebraicas las siguientes reglas presentan gran utilidad, para determinar el numero de raíces pasitivas y negativas.

### Regla de Descartes.

Una ecuación algebraica de grado $n$, es decir, de la forma:

$a_0x^n + a_1x^{n-1} + \ldots + a_{n-1}x + a_n = 0$, tiene a lo sumo $n$ raíces reales.

Sea $m$ el número de cambios de signo que se presentan en la sucesión de coeficientes de la ecuación $a_0x^n + a_1x^{n-1} + \ldots + a_{n-1}x + a_n = 0$. Entonces el número de raíces positivas de la ecuación es menor o igual que $m$ y tiene su misma paridad. Para es tudiar las raíces negativas, previamente se cambia $x$ por $-x$.

### Regla de Lagrange

Sea la ecuación $a_0x^n + a_1x^{n-1} + \ldots + a_{n-1}x + a_n = 0$, con $a_o > 0$.

Si $B$ es el valor absoluto del coeficiente negativo con mayor valor absoluto y $a_K$ es el primer coeficiente negativo contando desde la izquierda, entonces todas las raíces positivas de la ecuación, si existen, son menores que el número:

$$R = 1 + \sqrt[k]{\frac{B}{a_0}}$$

**Ejemplo:**

Separe las raíces de la ecuación $x^3 - 9x^2 - 9x + 19 = 0$ en intervalos de amplitud 0,5.

**Solución**

La ecuación algebraica anterior tiene a lo sumo tres raíces reales. De ellas, las positivas serán, dos o ninguna.

$k = 1$, $a_0 = 1$ y $B = |-9| = 9.$

$x^3 - 9x^2 - 9x + 19 = 0$

Grafiquemos la función $f(x) = x^3 - 9x^2 - 9x + 19$ en el intervalo $[0;\ 10]$. Resulta evidente la presencia de dos raíces positivas, una en el intervalo $[0;\ 1{,}5]$ y otra en $[9{,}5;\ 10]$. Se sabe que la otra raíz es real y negativa, ya que las raíces complejas de las ecuaciones algebraicas con coeficientes reales sólo se pueden presentar por pares. Para acotar esta raíz, previamente se cambia $x$ por $-x$ en la ecuación $x^3 - 9x^2 - 9x + 19 = 0$, resultando $-x^3 - 9x^2 + 9x + 19 = 0$, esto es. $x^3 + 9x^2 - 9x - 19 = 0$. Al aplicar la fórmula de Lagrange se obtiene:

$R = 1 + \sqrt[k]{\dfrac{B}{a_0}} = 1 + \sqrt[2]{\dfrac{19}{1}} \approx 5{,}4$. Por tanto la raíz negativa de la ecuación original en el intervalo $[-5{,}4;\ 0]$.

Utilizando el procedimiento gráfico en e intervalo $[-6;\ 0]$ resulta que la raíz se encuentra en el intervalo $[-2;\ -1{,}5]$.

## Ejercicios propuestos.

Dada las ecuaciones:

a) $5e^{x}-2x-10=0$

b) $e^{x}\,sen\,x-2e^{x}+3=0$

c) $x^{4}+x^{3}-x^{2}+x\ \ -2=0$

d) $x^{4}-11x^{3}-41x^{2}-60x\ \ +30=0$

e) $x^{4}-3x^{3}+10x^{2}-13x\ \ +5=0$

f) $ln\,x+4x-x^{2}-2=0$

1)Separar las raíces de las ecuaciones.

2) Verificar que en el intervalo seleccionado existe una única raíz.

3) Calcular con 3 cifras decimales correctas, las raíces reales de las ecuaciones utilizando los métodos de Bisección, y Newton-Raphson. Compare el número las iteraciones que necesitó con cada método. Para un error de $10^{-3}$.

## CAPITULO III. Métodos Numéricos para Sistemas de Ecuaciones Lineales.

La mayor parte de los métodos utilizados para la solución de sistemas de ecuaciones lineales están concentrados en dos tipos: métodos directos o "exactos" y métodos iterativos o de aproximaciones sucesivas. La primera clase incluye aquellos métodos en que, si se pudieran evitar todos los errores por redondeo, se obtendría la respuesta exacta en un número finito de pasos, muchos de los métodos elementales para resolver sistemas (Cramer, sustitución, adición y sustracción, Gauss) y para calcular determinantes e invertir matrices pertenecen a esa categoría. Por otra parte, los métodos iterativos son aquellos que producen una sucesión finita de respuestas aproximadas, que, bajo ciertas condiciones, converge hacia la solución exacta del problema. Algunos de estos últimos métodos se abordarán, con el objetivo, encontrar de forma aproximada, soluciones de sistemas de ecuaciones lineales.

Una expresión de la forma $\mathbf{a_1x_1 + a_2x_2 + \ldots + a_nx_n = b_1}$ es una **ecuación lineal**, donde $a_i$, $b_1 \in \mathbf{R}$, i=1,2,3,...,n, son coeficientes de las incógnitas o variables $x_1, x_2, \ldots, x_n$ y $b_1$ es el término independiente.

Lo anterior puede ser expresado de la siguiente forma:

Sean: $A \in \mathbf{M_{1xn}(R)}$, $X \in \mathbf{M_{nx1}(X)}$, $b_1 \in \mathbf{M_{1x1}(R)}$, llamemos a X el conjunto de incógnitas o variables que toman valores sobre **R**. Entonces escribamos $\mathbf{A\,X = b_1}$, una **ecuación matricial lineal**,

$$\begin{bmatrix} a_1 & a_2 & \ldots & a_{n-1} & a_n \end{bmatrix} \begin{bmatrix} x_1 \\ x_2 \\ \vdots \\ x_{n-1} \\ x_n \end{bmatrix} = b_1$$

; aplicando las operaciones, producto de matrices e igualdad de matrices, obtenemos, $a_1x_1 + a_2x_2 + \ldots + a_nx_n = b_1$

Un conjunto de ecuaciones lineales le llamamos Sistemas de Ecuaciones Lineales, SEL.

**III.1 Sistemas de ecuaciones lineales. Forma matricial de un S.E.L. Interpretación geométrico.**

Sean: A∈ **M<sub>mxn</sub>(R),** X∈ **M<sub>nx1</sub>(X),** B∈ **M<sub>mx1</sub>(R),** entonces la ecuación matricial,

$$AX = B. \qquad \textbf{(I)}$$

Donde,

$$A = \begin{pmatrix} a_{11} & a_{12} & \dots & a_{1n} \\ a_{21} & a_{22} & \dots & a_{2n} \\ \dots & \dots & \dots & \dots \\ a_{m1} & a_{m2} & \dots & a_{mn} \end{pmatrix}, \quad X = \begin{pmatrix} x_1 \\ x_2 \\ \vdots \\ x_n \end{pmatrix}, \quad B = \begin{pmatrix} b_1 \\ b_2 \\ \vdots \\ b_m \end{pmatrix}$$

define un **S.E.L** en forma matricial. Donde A es la matriz del sistema; X es la matriz de las incógnitas y B la matriz de los términos independientes.

Aplicando las operaciones, producto de matrices e igualdad de matrices, obtenemos

$$\begin{cases} a_{11}x_1 & + & a_{12}x_2 & + & a_{13}x_3 & + & \dots & + & a_{1n}x_n & = & b_1 \\ a_{21}x_1 & + & a_{22}x_2 & + & a_{23}x_3 & + & \dots & + & a_{2n}x_n & = & b_2 \\ \dots\dots & .. & \dots\dots\dots & \dots & \dots\dots & .. & \dots. & .. & \dots\dots & .. & \dots \\ a_{m1}x_1 & + & a_{m2}x_2 & + & a_{m3}x_3 & + & \dots & + & a_{mn}x_n & = & b_m \end{cases} \qquad \textbf{(II)}$$

Un conjunto de **m ecuaciones lineales,** de coeficientes reales, con **n incógnitas (variables),** le llamamos **SEL.** Si **n = m,** tenemos un **SEL** de **n ecuaciones lineales,** de coeficientes reales, con **n incógnitas (variables).**

Si **B = O**, una matriz columna nula, el sistema se define como, S.E.L Homogéneo.

En caso contrario, se define como, S.E.L No Homogéneo

Es evidente que (I) y (II), son equivalentes.

Cada ecuación de (II), representa un **hiperplano** en el espacio $\Re^n$.

De forma natural surge la interrogante. ¿Cómo están relacionados estos hiperplanos?

La respuesta a la interrogante se obtiene al resolver el SEL. Determinar su conjunto solución, cuya interpretación, define la relación entre los hiperplanos.

Consideremos el caso: A∈ **M2x2(R),** X∈ **M2x1(X),** B∈ **M2x1(R), B = *O*,** entonces (II), expresa el SEL Homogéneo,

$$\begin{cases} r_1 : a_{11}x_1 & + & a_{12}x_2 & = & 0 \\ r_2 : a_{21}x_1 & + & a_{22}x_2 & = & 0 \end{cases}$$

Donde las ecuaciones definen las recta, $r_1$, $r_2$, para todo, $a_{ij} \neq 0$, i = 1,2; j = 1,2.

Presentándose las situaciones siguientes:

1-Las rectas pasan por el origen de coordenadas del plano XOY, intersectándose en un punto.

2-Las rectas son paralelas coincidentes, pasando por el origen de coordenadas.

El conjunto solución, para cada caso queda expresado:

1- $S_1 = \{(x, y) \in R^2 : x = 0, y = 0\}$,

2- $S_2 = \{(x, y) \in R^2 : (x, y) \in r_1\ y\ (x, y) \in r_2\}$.

Los SEL Homogéneo siempre tienen solución:

1- Solución única

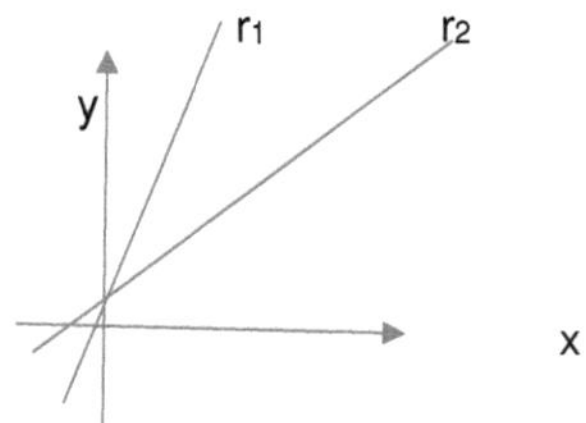


2- Infinitas soluciones.

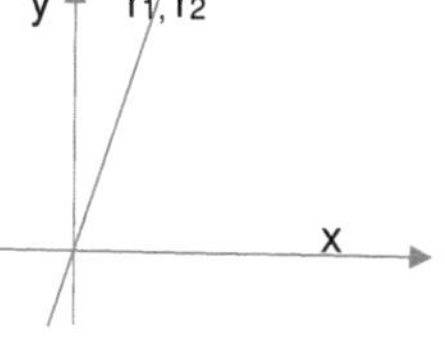


Consideremos el caso: A∈ **M2x2(R),** X∈ **M2x1(X),** B∈ **M2x1(R), B ≠ *O*,** entonces (II), expresa el SEL No Homogéneo,

$$\begin{cases} r_1 : a_{11}x_1 & + & a_{12}x_2 & = & b_1 \\ r_2 : a_{21}x_1 & + & a_{22}x_2 & = & b_2 \end{cases}$$

Donde las ecuaciones definen las recta, $r_1$, $r_2$, para todo, $a_{ij} \neq 0$, i = 1,2; j = 1,2. Presentándose las situaciones siguientes:

1-Las rectas se intersectan en un punto del plano XOY, cortando los ejes coordenados. x, y.

2-Las rectas son paralelas coincidentes, cortando los ejes coordenados x, y.

3-Las rectas son paralelas no coincidentes, cortando los ejes coordenados x, y.

El conjunto solución, para cada caso queda expresado:

1- $S_1 = \{(x,y) \in R^2 : x = \alpha, y = \beta;\ \alpha, \beta \in R\}$,

2- $S_2 = \{(x,y) \in R^2 : (x,y) \in r_1\ y\ (x,y) \in r_2\}$

3- $S_3 = \phi$

Para los SEL No Homogéneo tenemos:

1- Solución única, 2- Infinitas soluciones, 3- No 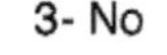
tiene solución.

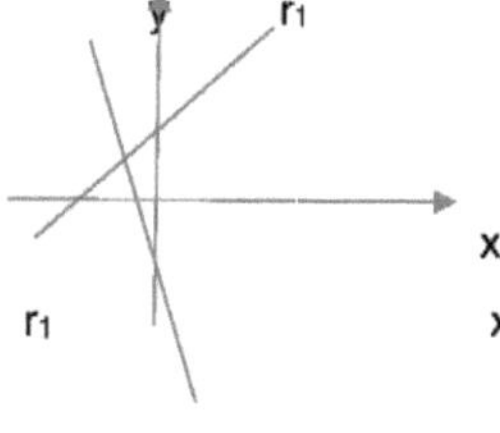


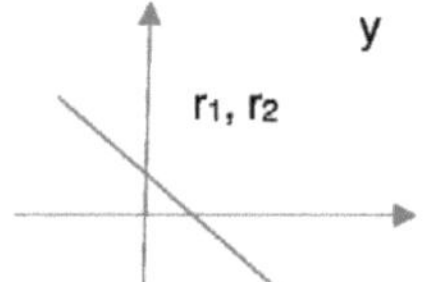


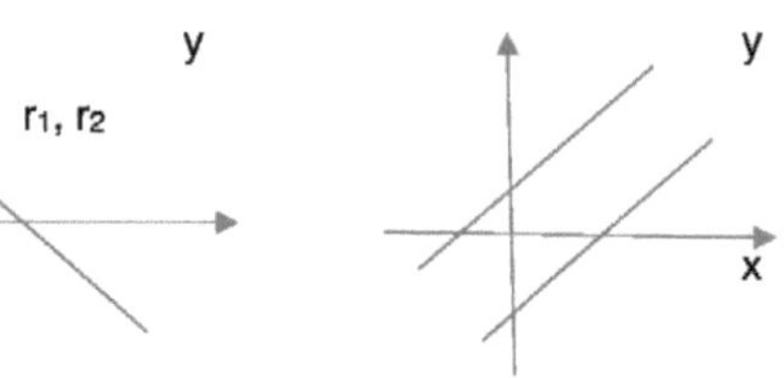


## III.2 Métodos aproximados para la solución de SEL.

A diferencia de los métodos directos, en que la cantidad de operaciones aritméticas requeridas está determinada únicamente por el orden del sistema, en los métodos iterativos hay que tener en cuenta la cantidad de iteraciones que se necesitará, ésta depende de la exactitud deseada y de la rapidez de convergencia del método que se emplee.

### III.2.1 Método de Jacobí.

Sea un sistema de $n$ ecuaciones lineales. Se supone que el sistema es cuadrado y de solución única. Escrito en forma desarrollada, el sistema es:

$$\begin{aligned} a_{11}x_1 + a_{12}x_2 + \ldots + a_{1n}x_n &= b_1 \\ a_{21}x_1 + a_{22}x_2 + \ldots + a_{2n}x_n &= b_2 \\ &\vdots \\ a_{n1}x_1 + a_{n2}x_2 + \ldots + a_{nn}x_n &= b_n \end{aligned} \qquad (1)$$

Si todos los elementos $a_{ii}(i=1,2,\ldots,n)$ de la diagonal son no nulos, el sistema puede escribirse despejando la variable que responde a la ecuación, obtenemos:

$$\begin{aligned} x_1 &= \frac{b_2}{a_{11}} - 0x_1 - \frac{a_{21}}{a_{11}}x_2 - \ldots - \frac{a_{2n}}{a_{11}}x_n \\ x_2 &= \frac{b_2}{a_{22}} - \frac{a_{21}}{a_{22}}x_1 - 0x_2 - \ldots - \frac{a_{2n}}{a_{22}}x_n \\ &\vdots \\ x_n &= \frac{b_n}{a_{nn}} - \frac{a_{n1}}{a_{nn}}x_1 - \frac{a_{n2}}{a_{nn}}x_2 - \ldots - 0x_n \end{aligned} \qquad (2)$$

En forma matricial,

$$\begin{bmatrix} x_1 \\ x_2 \\ . \\ . \\ x_n \end{bmatrix} = \begin{bmatrix} 0 & -\frac{a_{12}}{a_{11}} & \dots & -\frac{a_{12}}{a_{11}} \\ -\frac{a_{21}}{a_{22}} & 0 & \dots & -\frac{a_{2n}}{a_{22}} \\ . & . & . & . \\ . & . & . & . \\ -\frac{a_{n1}}{a_{nn}} & -\frac{a_{n2}}{a_{nn}} & \dots & 0 \end{bmatrix} \begin{bmatrix} x_1 \\ x_2 \\ . \\ . \\ x_n \end{bmatrix} + \begin{bmatrix} \frac{b_1}{a_{11}} \\ \frac{b_2}{a_{22}} \\ . \\ . \\ \frac{b_n}{a_{nn}} \end{bmatrix}$$

Al llamar $\boldsymbol{M}$ y $\boldsymbol{c}$ a las matrices:

$$\boldsymbol{M} = \begin{bmatrix} 0 & -\frac{a_{12}}{a_{11}} & \dots & -\frac{a_{12}}{a_{11}} \\ -\frac{a_{21}}{a_{22}} & 0 & \dots & -\frac{a_{2n}}{a_{22}} \\ . & . & . & . \\ . & . & . & . \\ -\frac{a_{n1}}{a_{nn}} & -\frac{a_{n2}}{a_{nn}} & \dots & 0 \end{bmatrix} \qquad \boldsymbol{c} = \begin{bmatrix} \frac{b_1}{a_{11}} \\ \frac{b_2}{a_{22}} \\ . \\ . \\ \frac{b_n}{a_{nn}} \end{bmatrix}$$

El sistema toma la forma:

$$\boldsymbol{x} = \boldsymbol{M}\boldsymbol{x} + \boldsymbol{c} \qquad (3)$$

A partir de la ecuación (3) se puede generar un proceso iterativo matricial, a partir de un vector inicial $\boldsymbol{x}^{(0)}$ y generando una sucesión de vectores $\boldsymbol{x}^{(1)}, \boldsymbol{x}^{(2)}, \boldsymbol{x}^{(3)}, \dots$

Mediante la ecuación recursiva:

$$\boldsymbol{x}^{(k)} = \boldsymbol{M}\boldsymbol{x}^{(k-1)} + \boldsymbol{c} \qquad \mathrm{k} = 1, 2, 3, \dots \qquad (4)$$

La sucesión generada puede o no converger, pero, cuando lo hace, su límite es la solución del sistema anterior.

Ejemplo:

Escriba el siguiente sistema en la forma $\boldsymbol{x} = \boldsymbol{M}\boldsymbol{x} + \boldsymbol{c}$ y aplíquele el algoritmo de Jacobi.

$10x_1 - x_2 + 2x_3 = 6$

$x_1 - 5x_2 + x_3 = -10$

$2x_1 - x_2 + 8x_3 = -8$

Solución.

Al despejar $x_1$ en la primera ecuación, $x_2$ en la segunda y $x_3$ en la tercera, se tiene:

$$x_1 = 0x_1 + 0{,}1x_2 - 0{,}2x_3 + 0{,}6$$
$$x_2 = 0{,}2x_1 + 0x_2 + 0{,}2x_3 + 2$$
$$x_3 = -0{,}25x_1 + 0{,}125x_2 + 0x_3 - 1$$

que en forma matricial resulta:

$$\begin{bmatrix} x_1 \\ x_2 \\ x_3 \end{bmatrix} = \begin{bmatrix} 0 & 0{,}1 & -0{,}2 \\ 0{,}2 & 0 & 0{,}2. \\ -0{,}25 & 0{,}125 & 0 \end{bmatrix} \begin{bmatrix} x_1 \\ x_2 \\ x_3 \end{bmatrix} + \begin{bmatrix} 0{,}6 \\ 2 \\ -1 \end{bmatrix}$$

Mediante la ecuación recursiva (4), tomando $x^{(0)} = c$, como valor inicial, se genera la sucesión matricial $\boldsymbol{x}^{(1)}, \boldsymbol{x}^{(2)}, \boldsymbol{x}^{(3)}, \ldots$

$$\begin{bmatrix} x_1 \\ x_2 \\ x_3 \end{bmatrix}^{(k)} = \begin{bmatrix} 0 & 0{,}1 & -0{,}2 \\ 0{,}2 & 0 & 0{,}2. \\ -0{,}25 & 0{,}125 & 0 \end{bmatrix} \begin{bmatrix} x_1 \\ x_2 \\ x_3 \end{bmatrix}^{(k-1)} + \begin{bmatrix} 0{,}6 \\ 2 \\ -1 \end{bmatrix}, \quad k = 1, 2, 3, \ldots$$

se obtienen los resultados que se muestran en la tabla siguiente:

| Iteración k | $x_1^k$ | $x_2^k$ | $x_3^k$ |
|---|---|---|---|
| 0 | 0,6 | 2 | -1 |
| 1 | 1 | 1,92 | -0,9 |
| 2 | 0,972 | 2,02 | -1,01 |
| 3 | 1,004 | 1,9924 | -0,9905 |
| 4 | 0,99734 | 2,0027 | -1,00195 |
| 5 | 1,00066 | 1,999078 | -0,998997 |
| 6 | 0,999707 | 2,000333 | -1,00028 |
| 7 | 1,000089 | 1,999885 | -0,999885 |
| 8 | 0,999966 | 2,000041 | -1,000037 |

Convergencia del método de Jacobi.

Si $\boldsymbol{x}$ es un vector de $\Re^n$ : $\boldsymbol{x} = \begin{bmatrix} x_1 \\ x_2 \\ . \\ . \\ x_n \end{bmatrix}$ se define la norma de $\boldsymbol{x}$ como:

$\|\boldsymbol{x}\| = \max\limits_{i} |x_i|$.

Si $\boldsymbol{A}$ es una matriz de orden $n$, $A = (a_{ij})$, se define la norma de $\boldsymbol{A}$ como:

$$\|\boldsymbol{A}\| = \max_{i} \sum_{j=1}^{n} |a_{ij}|$$

Si $\boldsymbol{x}^{(k)} = \begin{bmatrix} x_1^k \\ x_2^k \\ . \\ . \\ x_n^k \end{bmatrix}$ denota la $k$-ésima aproximación de un proceso iterativo, a la

solución $\boldsymbol{x}$ de un sistema lineal, entonces el error absoluto de $\boldsymbol{x}^{(k)}$ se denota por $\boldsymbol{E}(\boldsymbol{x}^{(k)})$ y se define como,

$E(x^{(k)}) = \|x - x^{(k)}\| = \max\limits_{k}\{|x - x^{(k)}|\}$

Ejemplo.

Dado el sistema de ecuaciones lineales,

$10x_1 - x_2 + 2x_3 = 6$

$x_1 - x_2 + x_3 = -10$

$2x_1 - x_2 + 8x_3 = -8$

Halle $\boldsymbol{x}$, $\boldsymbol{x}^{(4)}$ y $\boldsymbol{E}(\boldsymbol{x}^{(4)})$

Solución.

La solución $\boldsymbol{x}$ del sistema es,

$$x = \begin{bmatrix} 1 \\ 2 \\ -1 \end{bmatrix}$$

La aproximación $x^{(4)}$, obtenida en la cuarta iteración es,

$$x^{(4)} = \begin{bmatrix} 1{,}004 \\ 1{,}9924 \\ -0{,}9905 \end{bmatrix}$$

El error absoluto de $x^{(4)}$ es,

$$E(x^{(4)}) = \left\| \begin{matrix} 1-1{,}004 \\ 2-1{,}9924 \\ -1-(-0{,}9905) \end{matrix} \right\| = \left\| \begin{matrix} -0{,}004 \\ 0{,}0076 \\ -0{,}0095 \end{matrix} \right\|$$

$$= máx\{0{,}004;\ 0{,}0076;\ 0{,}0095\} = 0{,}0095$$

Sea el sistema lineal $x = Mx + c$ .

Se llama factor de convergencia del método de Jacobi, para este sistema a la norma de la matriz $M$ y se denotará como $\alpha$, es decir:

$$\alpha = \|M\|$$

Teorema: Una condición suficiente para que la sucesión de soluciones aproximadas obtenidas por el método de Jacobi converja hacia la solución exacta del sistema de ecuaciones lineales, independientemente de la aproximación inicial $x^{(0)}$ , es que $\alpha < 1$.

Teorema: Sea el sistema lineal de $n$ ecuaciones con $n$ incógnitas, $Ax = b$. Una condición suficiente para que el método de Jacobi, aplicado a dicho sistema sea convergente, es que $A$ tenga diagonal principal predominante, esto es, que para cada fila $i = 1, 2, 3, \ldots, n$, el elemento de la diagonal principal de la matriz $A$ , sea en valor absoluto, mayor que la suma de los valores absolutos de los otros elementos $i \neq j$ , de la fila i. Es decir que:

$$|a_{ii}| > |a_{i1}| + |a_{i2}| + \ldots + |a_{i\,j-1}| + |a_{i\,j+1}| + \ldots + |a_{in}|$$

El error en el método de Jacobi.

$$E_m(x^{(k)}) = \left(\frac{\alpha}{1-\alpha}\right)\left\|x - x^{(k)}\right\|$$

Condición de terminación.

Si se desea obtener la solución de un sistema lineal con un error absoluto menor que $\varepsilon$ y el factor de convergencia del método de Jacobi $\alpha < 1$, entonces el proceso iterativo de Jacobi se llevará a cabo hasta la aproximación $x^{(k)}$ para la cual:

$$E_m(x^{(k)}) = \left(\frac{\alpha}{1-\alpha}\right)\left\|x - x^{(k)}\right\| \leq \varepsilon.$$

Si $\alpha < 0{,}5$ entonces el proceso iterativo de Jacobi se llevará a cabo hasta la aproximación $x^{(k)}$ para la cual:

$$E_m(x^{(k)}) = \left\|x - x^{(k)}\right\| \leq \varepsilon.$$

### III.2.2 Método de Gauss-Seidel.

Este método es una variación del método de Jacobi, logra simplificar dicho algoritmo y mejorar la rapidez de convergencia en la mayoría de los casos.

Sea el sistema lineal de $n$ ecuaciones con $n$ incógnitas $\boldsymbol{Ax} = \boldsymbol{b}$ que posee diagonal predominante, escrito en forma desarrollada es :

$$\begin{aligned}
a_{11}x_1 + a_{12}x_2 + \ . \ . \ . + a_{1n}x_n &= b_1 \\
a_{21}x_1 + a_{22}x_2 + \ . \ . \ . + a_{2n}x_n &= b_2 \\
&\ \ \vdots \\
a_{n1}x_1 + a_{n2}x_2 + \ . \ . \ . + a_{nn}x_n &= b_n
\end{aligned}$$

Operando de igual modo que el método de Jacobí, si todos los elementos $a_{ii}(i = 1, 2, \ . \ . \ . \ , n)$ de la diagonal son no nulos, el sistema puede escribirse, despejando la variable que responde a la ecuación, en la forma:

$$x_1 = \frac{b_1}{a_{11}} - 0x_1 - \frac{a_{12}}{a_{11}}x_2 - \ . \ . \ . \ - \frac{a_{1n}}{a_{11}}x_n$$

$$x_2 = \frac{b_2}{a_{22}} - \frac{a_{21}}{a_{22}}x_2 - 0x_2 - \; . \; . \; . \; - \frac{a_{2n}}{a_{22}}x_n$$

$$\vdots$$

$$x_n = \frac{b_n}{a_{nn}} - \frac{a_{n1}}{a_{nn}}x_1 - \frac{a_{n2}}{a_{nn}}x_2 - \; . \; . \; . - 0x_n$$

El proceso iterativo de Seidel queda entonces definido de la forma siguiente:

$$x_1^{(k)} = \frac{b_1}{a_{11}} - \frac{a_{12}}{a_{11}}x_2^{(k-1)} - \frac{a_{13}}{a_{11}}x_3^{(k-1)} \; . \; . \; . - \frac{a_{1n}}{a_{11}}x_n^{(k-1)}$$

$$x_2^{(k)} = \frac{b_2}{a_{22}} - \frac{a_{21}}{a_{22}}x_1^{(k)} - \frac{a_{23}}{a_{22}}x_3^{(k-1)} - \; . \; . \; . - \frac{a_{2n}}{a_{22}}x_n^{(k-1)}$$

$$\vdots$$

$$x_n^{(k)} = \frac{b_n}{a_{nn}} - \frac{a_{n1}}{a_{nn}}x_1^{(k)} - \frac{a_{n2}}{a_{nn}}x_2^{(k)} - \; . \; . \; . \; - \frac{a_{n,n-1}}{a_{nn}}x_{n-1}^{(k)}$$

El método de Gauss-Seidel, a diferencia del método de Jacobí, que para el cálculo de la iteración **k** emplea los valores obtenidos de la iteración **k – 1**. Gauss-Seidel utiliza los valores obtenidos en la propia iteración **k.**

Observemos el sistema anterior, para calcular $x_2^{(k)}$se utiliza $x_1^{(k)}$, obtenido en esta iteración.

Convergencia del método de Seidel.

Sea el sistema lineal de $n$ ecuaciones con $n$ incógnitas $\boldsymbol{Ax} = \boldsymbol{b}$ que posee diagonal predominante. Se llama factor de convergencia del método de Seidel para este sistema al número $\beta$ definido como:

$\beta = \underset{i}{máx}\frac{q_i}{1-p_i}$, donde:

$$p_i = \sum_{j=1}^{i-1} \left| \frac{a_{ij}}{a_{ii}} \right| \quad \text{y} \quad q_i = \sum_{j=i+1}^{n} \left| \frac{a_{ij}}{a_{ii}} \right| \quad , \qquad i = 1, 2, \ldots, n$$

Condición de terminación.

Si se desea obtener la solución del sistema lineal con un error absoluto menor que $\varepsilon$ y el factor de convergencia del método de Seidel es $\beta < 1$, entonces el proceso iterativo de Seidel se llevará a cabo hasta la aproximación $x^{(k)}$ para la cual:

$$E_m(x^{(k)}) = \left( \frac{\beta}{1-\beta} \right) \left\| x - x^{(k)} \right\| \leq \varepsilon.$$

Si $\beta < 0{,}5$ entonces el proceso iterativo de Seidel se llevará a cabo hasta la aproximación $x^{(k)}$ para la cual:

$$E_m(x^{(k)}) = \left\| x - x^{(k)} \right\| \leq \varepsilon.$$

Ejemplo.

Dado el sistema de ecuaciones lineales

$$10x_1 - x_2 + 2x_3 = 6$$

$$x_1 - x_2 + x_3 = -10$$

$$2x_1 - x_2 + 8x_3 = -8$$

Halle $x$, $x^{(4)}$ y $E(x^{(4)})$

Solución

La solución $x$ del sistema es

$$x = \begin{bmatrix} 1 \\ 2 \\ -1 \end{bmatrix}$$

La aproximación $x^{(4)}$ obtenida en la cuarta iteración es $x^{(4)} = \begin{bmatrix} 1{,}004 \\ 1{,}9937 \\ -0{,}9962 \end{bmatrix}$

El error absoluto de $x^{(4)}$ es ,

$$E(x^{(4)}) = \left\| \begin{matrix} 1-1{,}004 \\ 2-1{,}9937 \\ -1-(-0{,}9962) \end{matrix} \right\| = \left\| \begin{matrix} -0{,}004 \\ 0{,}0063 \\ -0{,}0038 \end{matrix} \right\| =$$

$$= máx\{0{,}004; 0{,}0063; 0{,}0038\} = 0{,}0063$$

A diferencia de los métodos directos, en que la cantidad de operaciones aritméticas requeridas está determinada únicamente por el orden del sistema, en los métodos iterativos hay que tener en cuenta la cantidad de iteraciones que se necesitará, ésta depende de la exactitud deseada y de la rapidez de convergencia del método que se emplee.

Un factor a tener en cuenta en la aplicación de un método directo o iterativo es la cantidad de operaciones a realizar, por ejemplo, si el sistema tiene muchas ecuaciones, todas con la misma estructura, seguramente es preferible un método iterativo, pero siempre que estos sistemas tengan diagonal predominante, porque aunque teóricamente, es posible hacer transformaciones elementales en el sistema que hagan predominante la diagonal, esto puede resultar prácticamente imposible en sistemas con un número grande de ecuaciones, lo que suscede comúnmente en problemas de ingeniería.

## Ejercicios propuestos.

Para los sistemas de ecuaciones siguientes:

$$(1)\begin{cases}10x_1 - 2x_2 + 3x_3 + 2x_4 = 15\\ 3x_1 - 10x_2 - 4x_3 + 2x_4 = 4\\ 5x_1 + 3x_2 + 10x_3 - x_4 = 13\\ 4x_1 - 3x_2 - 4x_3 + 10x_4 = -2\end{cases}$$

$$(2)\begin{cases}10x_1 + x_2 + 2x_3 - x_4 = 3\\ -2x_1 + 10x_2 + x_3 - x_4 = 4\\ 2x_1 + 3x_2 - 10x_3 - 2x_4 = -7\\ 3x_1 - 2x_2 + 4x_3 + 10x_4 = 4\end{cases}$$

$$(3)\begin{cases}10x_1 + 2x_2 - 3x_3 + 4x_4 = 1\\ -x_1 + 10x_2 + 3x_3 + 2x_4 = -3\\ 2x_1 - 3x_2 - 10x_3 + 2x_4 = 2\\ x_1 - 2x_2 - 4x_3 + 10x_4 = -1\end{cases}$$

1.-Determine si la diagonal principal es predominante.

2.-Calcular el valor del factor $\alpha$ de convergencia del método de Jacobi

3.-Determine el valor del factor de convergencia $\beta$ del método de Seidel.

4.-Establezca el criterio de terminación para obtener la solución con cuatro cifras decimales correctas.

5.-Aplicando el método de Jacobí y Saidel calcule el valor aproximado en 5 iteraciones y determine el error.

# Capitulo IV: Métodos numéricos de aproximación de funciones.

Estos problemas son frecuentemente en problemas ingenieriles. Se conoce un conjunto de pares ordenados ($x_i$, $f(x_i)$), y no se conoce una expresión analítica que expresa una relación funcional entre las magnitudes tabuladas. Una expresión analítica que permita, aunque sea de manera aproximada, poder evaluar la función en otros valores de x; en otras ocasiones el algoritmo algebraico para calcular f(x), aunque se conoce, resulta tan complicado e inconsistente que resulta útil hallar una función g(x) de una clase más simple y utilizarla en lugar de f(x), aun sabiendo que se está incurriendo en un error.

El problema puede presentarse como muestran los ejemplos:

Ejemplo 1.
Sea dada una tabla que relaciona el tiempo de fallo de $n$ componentes respecto a los valores de humedad,

| $i$ | $1 \quad 2 \; ... \; n-1 \quad n$ |
|---|---|
| $t_i$ | $t_1 \quad t_2 \; ... \; t_{n-1} \quad t_n$ |
| $H_i$ | $H_1 \; H_2 \; ... \; H_{n-1} \; H_n$ |

Se desea determinar una relación funcional entre el tiempo de fallo y la humedad.
Ejemplo 2.

Para producir en un torno de mando numérico una pieza con perfil longitudinal, es necesario obtener una función simple (de modo que pueda ser evaluada en un tiempo muy breve) que describa el contorno de la pieza. Esta función servirá para fijar la posición de la cuchilla del torno en cada instante. Las dimensiones de la pieza, las fronteras deben ser curvas suaves propiedades que deben ser respetadas.

## IV.1 Modelo matemático del problema.

Dado un conjunto de pares ordenados (conjunto discreto), definir una expresión analítica, función. Geométricamente, una curva que exprese la relación funcional.

La curva puede ser definida por un número finito de pequeños segmentos de rectas, más resulta sólo una aproximación. Para lograr una mejor aproximación puede aumentarse el número de segmentos. Esto aumenta la cantidad de datos requeridos para el trazado de la curva y la hace difícil de manipular e interpretar.

Se necesita una formulación rigurosa, modelo matemática de representar las curves. Para lo anterior, debe cumplirse:

- La representación geométrica de la curva debe corresponder con las propiedades de la expresión analítica.
- Computacionalmente, un algoritmo de complejidad simple.
- Aritméticamente, fácil de manipular.
- Permita concatenar curva con otras curvas.

Para el logro de lo anterior se utilizan diferentes algoritmos fundamentados en las teorías analíticas que los fundamentan, combinando elementos del cálculo diferencial, algebra, geometría, entre otras.

Los algoritmos para la aproximación de funciones pudien ser clasificados:

- Métodos de interpolación.
- Métodos de mínimos cuadrados.
- Métodos de Splain.

## IV.2 Interpolación.

Las interpolaciones se resumen: dado un conjunto finito de pares ordenados $(x_0, y_0)$, $(x_1, y_1)$, ... , $(x_{n-1}, y_{n-1})$ $(x_n, y_n)$, encontrar una función g(x), que pase por cada uno de los puntos, tal que,

$g(x_0) = y_0$

$g(x_1) = y_1$

.
.
.

$g(x_n) = y_n$

Los puntos $x_0, x_1, x_2 \ldots x_n$ son llamados puntos o nodos de interpolación y la función g(x) función de interpolación.

Las interpolaciones más populares: Lagranche, Newton, Stirling. Existen muchas más.

- Interpolación de Lagrange.

Sea $(x_i, y_i)$ un conjunto finito de pares ordenados del plano XOY, abscisa y ordenada, para

i= 0, 1, 2, ... , m.

Los datos se interpolan, por un polinomio de grado **m o menor**, $P_m(x)$, tal que se satisface,

$P_m(x_i) = y_i$,

Sean $x_0, x_1, \ldots, x_m$ las abscisas de y sean $f_0, f_1, \ldots, f_m$, los valores de la ordenada, de una cierta función $f$. Se desea determinar un polinomio de grado **m o menor**, tal que, $P_m(x_i) = f_i$, *para i= 0, 1, 2, ... , m.*

El polinomio interpolador de grado $n$ de Lagrange es un polinomio de la forma:

$$\sum_{j=0}^{n} f_j l_j(x), \quad n \leqslant m$$

Donde $l_j(x)$ son los llamados polinomios auxiliares de Lagrange, que se calculan por medio de la expresión,

$$l_j(x) = \prod_{i \neq j} \frac{x - x_i}{x_j - x_i} = \frac{(x - x_0)(x - x_1)\ldots(x - x_{j-1})(x - x_{j+1})\ldots(x - x_n)}{(x_j - x_0)(x_j - x_1)\ldots(x_j - x_{j-1})(x_j - x_{j+1})\ldots(x_j - x_n)}$$

Con el polinomio de Lagrange es importante el número de puntos con los que se construye el polinomio.

- Método de interpolación, por las diferencias divididas de Newton.

Sea ($x_i$ , $y_i$) un conjunto finito de pares ordenados del plano XOY, abscisa y ordenada, i= 1, 2, ... , n.

Los datos se interpolan, por un polinomio $P_{n-1}(x)$, tal que se satisface, $P_{n-1}(x_i) = y_i$,

El polinomio de grado $n-1$ resultante tendrá la forma

$$\sum_{j=0}^{n-1} a_j g_j(x)$$

Definiendo $g_j(x)$ como,

$$g_j(x) = \prod_{i=0}^{j-1} (x - x_i)$$

y definiendo $a_j$ como

$$a_0 = f[x_0], a_1 = f[x_0, x_1], \ldots, a_j = f[x_0, x_1, \ldots, x_{j-1}, x_j]$$

Los coeficientes $a_j$ son las llamadas diferencias divididas.

Una vez se hayan realizado todos los cálculos, nótese que hay (muchas) más diferencias divididas que coeficientes $a_j$. El cálculo de todos los términos intermedios debe realizarse simplemente porque son necesarios para poder formar todos los términos finales. Sin embargo, los términos usados en la construcción del polinomio interpolador son todos aquellos que involucren a $x_0$.

Estos coeficientes se calculan mediante los valores que se conocen de la función,

$$f[x_0, x_1, \ldots, x_{j-1}, x_j]$$

queda definido, como:

$f[x_i, x_{i+1}, \ldots, x_{i+j-1}, x_{i+j}] =$

$$= ( f[x_{i+1}, \ldots, x_{i+j-1}, x_{i+j}] - f[x_i, x_{i+1}, \ldots, x_{i+j-1}] ) / ( x_{i+j} - x_i )$$

## IV.3 Ajusta de curva. Método de mínimo cuadrados.

Mínimos cuadrados se resume, dado un conjunto finito de pares ordenados,

$(x_0, y_0), (x_1, y_1), \ldots, (x_{n-1}, y_{n-1}) (x_n, y_n),$

encontrar una función g(x), tal que, la suma de la desviación cuadrática de los puntos, a la curva sea mínimo.

## La recta de mejor ajuste. Método de Mínimos Cuadrados.

Sea dada la tabla del ejemplo 1.

Determinar la distancia mínima de los puntos $(t_i, H_i)$ a una recta $H = a + bt$. Se necesita determinar las constantes $a$ y $b$.

Representemos los datos $(t_i, H_i)$, por los pares ordenados ( $x_i$, $y_i$ ) en un sistema de coordenada en el plano XOY.

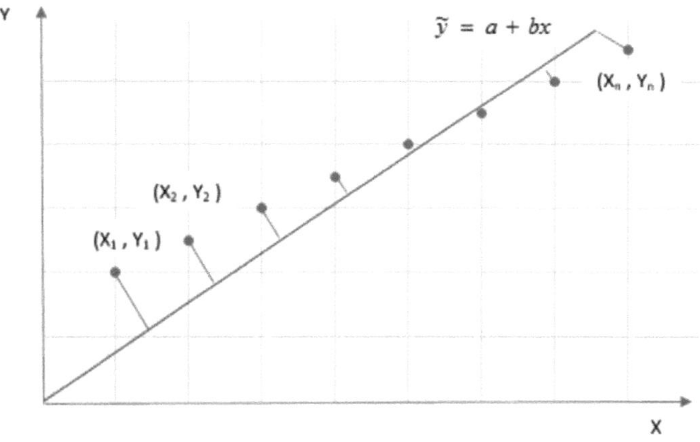


Determinar el error mínimo (distancia mínima) de los puntos $(x_i, y_i)$ a la recta $\tilde{y} = a + bx$

$$MIN\sum_{i=1}^{n} e_i = MIN\sum_{i=1}^{n}(y_i - (a + bx_i))^2 ; \qquad \sum_{i=1}^{n}(y_i - (a + bx_i))^2 \; una\ función\ f(a,b)$$

Problema: Determinar MIN $f(a,b)$

Condición Necesaria para la existencia del MIN, el gradiente de $f(a,b)$ tiene que ser igual cero, significa que las derivadas parciales de la función, respecto a las variables independientes, tienen que ser igual a cero

$$\begin{cases} \dfrac{\partial f}{\partial a} = 2\sum_{1}^{n}(y_i - (a + bx_i))(-1), = 0 \\ \dfrac{\partial f}{\partial b} = 2\sum_{1}^{n}(y_i - (a + bx_i))(-x_i), = 0 \end{cases}$$

$$\begin{cases} -\sum_{1}^{n} y_i + \sum_{1}^{n} a + \sum_{1}^{n} bx_i = 0 \\ -\sum_{1}^{n} y_i x_i + \sum_{1}^{n} ax_i + \sum_{1}^{n} bx_i^2 = 0 \end{cases}$$

$$\begin{cases} a\sum_{1}^{n} 1 + b\sum_{1}^{n} x_i = \sum_{1}^{n} y_i \\ a\sum_{1}^{n} x_i + b\sum_{1}^{n} x_i^2 = \sum_{1}^{n} y_i x_i \end{cases}$$

$$\begin{cases} an + b\sum_{1}^{n} x_i = \sum_{1}^{n} y_i \\ a\sum_{1}^{n} x_i + b\sum_{1}^{n} x_i^2 = \sum_{1}^{n} y_i x_i \end{cases}$$

$S.E.L.N.H.$ (Sistema de ecuaciones lineales no homogénea)

El SELNH en forma matricial.

$$\begin{pmatrix} n & \sum_{1}^{n} x_i \\ \sum_{1}^{n} x_i & \sum_{1}^{n} x_i \end{pmatrix} \begin{pmatrix} a \\ b \end{pmatrix} = \begin{pmatrix} \sum_{1}^{n} y_i \\ \sum_{1}^{n} y_i x_i \end{pmatrix}$$

Resolvemos por el método de eliminación Gauss.

$$\begin{pmatrix} n & \sum_{1}^{n} x_i & \sum_{1}^{n} y_i \\ \sum_{1}^{n} x_i & \sum_{1}^{n} x_i^2 & \sum_{1}^{n} y_i x_i \end{pmatrix}$$

Multiplicando la fila 1 por $\dfrac{\sum_{1}^{n} x_i}{n}$ y restando la fila 2, obtenemos la matriz escalón:

$$\begin{pmatrix} n & \sum_1^n x_i & \sum_1^n y_i \\ 0 & \frac{\sum_1^n x_i}{n}\sum_1^n x_i - \sum_1^n x_i^2 & \frac{\sum_1^n x_i}{n}\sum_1^n y_i - \sum_1^n y_i x_i \end{pmatrix}$$

Escribiendo el sistema asociado al matriz escalón, obtenemos:

$$\begin{cases} an + b\sum_1^n x_i = \sum_1^n y_i \\ b\frac{\sum_1^n x_i}{n}\sum_1^n x_i - \sum_1^n x_i^2 = \frac{\sum_1^n x_i}{n}\sum_1^n y_i - \sum_1^n y_i x_i \end{cases}$$

Despejando b obtenemos:

$$b = \frac{\frac{\sum_1^n x_i}{n}\sum_1^n y_i - \sum_1^n y_i x_i}{\frac{\sum_1^n x_i}{n}\sum_1^n x_i - \sum_1^n x_i^2}$$

Sustituyendo b en la primera ecuación. y despejando a, de la ecuación obtenemos:

$$a = \frac{1}{n}\left\{\sum_1^n y_i - \sum_1^n x_i\left(\frac{\frac{\sum_1^n x_i}{n}\sum_1^n y_i - \sum_1^n y_i x_i}{\frac{\sum_1^n x_i}{n}\sum_1^n x_i - \sum_1^n x_i^2}\right)\right\}$$

Sustituyendo los coeficientes a, b en la recta $\tilde{y} = a + bx$, obtenemos la recta de major ajuste.

Esta idea que desarrollamo basada en calculo diferencial, no es eficiente computacionalmente, cuando necesitamos un polinomio de grado mayor es necesario desarrollar el algoritmo desde el comienzo.

Vamos a desarrollar una idea algebraica, que da solución a las limitaciones anteriores.

Sean las matrices,

$$A = \begin{pmatrix} 1 & x_1^1 & \dots & x_1^m \\ 1 & x_2^1 & \dots & x_2^m \\ \dots & \dots & \dots & \dots \\ 1 & x_n^1 & \dots & x_n^m \end{pmatrix}, \quad Z = \begin{pmatrix} a_1 \\ a_2 \\ \vdots \\ a_m \end{pmatrix}, \quad Y = \begin{pmatrix} y_1 \\ y_2 \\ \vdots \\ y_n \end{pmatrix}$$

Los elementos de la matriz Z, definen los coeficientes del polinomio de mejor ajuste.

Los que se cáculan mediante la función matricial,

$Z = (A^t A)^{-1} A^t Y$ ,

Equivalente al SELNH, con matriz del sistema simétrica,

$$\begin{pmatrix} n & \sum_{i=1}^{n} x & \dots & \sum_{i=1}^{n} x^n \\ \sum_{i=1}^{n} x & \sum_{i=1}^{n} x^2 & \dots & \sum_{i=1}^{n} x^{n+1} \\ \dots & \dots & \dots & \dots \\ \sum_{i=1}^{n} x^n & \sum_{i=1}^{n} x^{n+1} & \dots & \sum_{i=1}^{n} x^{n+m} \end{pmatrix} \begin{pmatrix} a_1 \\ a_2 \\ \vdots \\ a_m \end{pmatrix} = \begin{pmatrix} \sum_{i=1}^{n} y \\ \sum_{i=1}^{n} y\, x \\ \vdots \\ \sum_{i=1}^{n} y\, x^n \end{pmatrix}$$

Que puede ser resuelto por alguno de los métodos presentado en el capítulo II.

Calcular los coeficientes, $\begin{pmatrix} a_1 \\ a_2 \\ \vdots \\ a_m \end{pmatrix}$, permite obtener el polinomio de grado ***n ≤ m*** ,

$P_{m-1}(x) = a_1 + a_2\, x + a_3\, x^2 + , \dots , + a_m\, x^{m-1}$ , que es el polinomio de mejor ajuste.

## IV.4 Spline.

Es un tipo de interpolación fragmentaria utilizando polinomios, Spline.
Esta palabra se empleó en Inglaterra para definir los límites de terrenos cuando eran curva.
Un ejemplo de curva spline, es la trayectoria de un objeto en movimiento: la curva en sí sería la trayectoria trazada por el objeto, y el parámetro numérico sería el tiempo; tal como avanza el tiempo, el objeto avanza a lo largo de la curva.

**En general los polinomios son las funciones más usadas por los métodos de interpolación, mínimos cuadrados, spline, por las propiedades:**

- **Son curvas suaves: continuas, con derivadas continuas.**
- **Aritméticamente fácil de manipular.**

Los polinomios más usados:

1. **Lineal:** los puntos se conectan con líneas rectas.
2. **Cuadrática:** los puntos se conectan con una curva suave definida por un polinomio de segundo orden, parábola, tres puntos son suficiente.
3. **Cúbica:** los puntos se conectan con una curva suave definida por un polinomio de tercer orden, cuatro puntos son suficiente.

Un **spline** es una curva suave, definida a tramos mediante polinomios.

Los spline facilitan el uso de polinomios de bajo grado. Los que son construidos, hablando en términos gráficos, a partir de funciones polinómicas a trozos de grado bajo que presentan cierta regularidad. Evitando oscilaciones al interpolar mediante polinomios de grado elevado.

Por ejemplo, si se desea hallar un polinomio interpolador P(x) para los nodos ordenados $\{x_0, x_1, ..., x_6\}$, el problema se puede descomponer en tres problemas sencillos: hallar tres polinomios interpoladores, cada uno de grado menor o igual que dos, para los conjuntos de nodos $\{x_0, x_1, x_2\}$, $\{x_2, x_3, x_4\}$, $\{x_4, x_5, x_6\}$.

Por ejemplo, S(x) = $\left\{\begin{array}{ll} P_2^1(x) = a_2x^2 + a_1x^1 + a_0 & si\ x_0 \le x \le x_2 \\ P_2^2(x) = b_2x^2 + b_1x^1 + b_0 & si\ x_2 \le x \le x_4 \\ P_2^3(x) = c_2x^2 + c_1x^1 + c_0 & si\ x_4 \le x \le x_6 \end{array}\right\}$

donde $P_2^i(x)$ (i = 1, 2, 3) representa un polinomio de grado 2. Donde cada polinomio posee 3 coeficientes, En este caso, la gráfica de la función interpoladora estará formada por tres arcos de parabolas. Como dos arcos consecutivos comparten un nodo, los tres arcos formarán una curva continua que puede usarse para representar la función a aproximar f(x).

Cada polinomio local puede ser determinado por cualquiera de los métodos vistos.

Los metodos anteriores no garantizan que la función que resulta sea suave (continua y con derivadas continua), que en los nodos que unen, un polinomio local con otro, no produce en la gráfica, una función con pico.

Entre los splain el cúbico es uno de los más popular.

- El spline cúbico de interpolación.

Considérese que para cada uno de los n + 1 nodos ordenados en forma creciente $\{x_0, x_1, ..., x_n\}$ se

conoce el valor de una función f(x).

El spline satisface la condición de interpolación global:

$P(x_i) = f(x_i) \quad i = 0, 1, 2, ..., n$

Como se trata de un spline cúbico, su expresión analítica será:

$$S(x) = \left\{\begin{array}{ll} P_3^1(x) = a_3x^3 + a_2x^2 + a_1x^1 + a_0 & si\ x_0 \le x \le x_3 \\ P_3^2(x) = b_3x^3 + b_2x^2 + b_1x^1 + b_0 & si\ x_3 \le x \le x_6 \\ P_3^3(x) = c_3x^3 + c_2x^2 + c_1x^1 + c_0 & si\ x_6 \le x \le x_9 \\ \vdots & \\ P_3^n(x) = n_3x^3 + n_2x^2 + n_1x^1 + n_0 & si\ x_{n-4} \le x \le x_n \end{array}\right\}$$

Los nodos de interpolación coinciden con los puntos que limitan los tramos del spline.

Este es el caso más simple y frecuente. Como cada uno de los n polinomios de tercer grado que conforman el spline posee cuatro coeficientes, el spline posee 4n coeficientes los cuales permiten satisfacer, las siguientes condiciones:

Condición de interpolación:

$S(x_i) = y_i$

Condición de continuidad: S(x) es continua en $x_i$

Condiciones de suavidad.

$S'(x)$ es continua en $x_i$
$S''(x)$ es continua en $x_i$

Estas condiciones suman en total 4n – 2 lo que significa que aún se cuenta con la posibilidad de
imponer otras dos condiciones al spline, lo cual se suele hacer de diversas maneras para lograr

diferentes propósitos. Alguna de estas dos condiciones se presentaran adelante.

Encontrar las fórmulas que definen a S(x), se sigue un algoritmo iterativo, utilizando las condiciones: interpolación, continuidad y suavidad.
Se utilizará la siguiente notación:

$M_i = S''(x_i)$ , $i = 0, 1, 2, \ldots, n$

$h_i = x_{i+1} - x_i$ , $i = 0, 1, 2, \ldots, n-1$

es decir, $M_0, M_1, \ldots, M_n$, representará el valor de la segunda derivada del spline, en los nodos de
interpolación $x_0, x_1, \ldots, x_n$ y $h_0, h_1, \ldots, h_{n-1}$, las longitudes de los tramos en que están definidos los n polinomios del spline.

$S(x)$ es un polinomio cúbico, entonces su segunda derivada es una función lineal, tal que,

$S''(x_i) = M_i$ y $S''(x_{i+1}) = M_{i+1}$ ,

donde, $S''(x_i) = ((x_{i+1} - x)\ M_i + (x - x_i)\ M_{i+1}))/\ h_i$,

$S''(x_i)$, es una función lineal en el intervalo $[x_0, x_n]$, una quebrada continua. Quedando satisfecha la condición de suavidad de la segunda derivada del spline.

Integrando $S''(x_i)$, obtenemos,

$S'(x) = (\ (\ (x_{i+1} - x)^2\ M_i + (x - x_i)^2\ M_{i+1}\ ) / 2\ h_i) + C_1$

Integrando $S'(x)$ , obtenemos, la función interpoladora, spline cúbico de la forma,

$S\ (x) = (\ (\ (x_{i+1} - x)^3\ M_i + (x - x_i)^3\ M_{i+1}\ ) / 6\ h_i) + C_1x + C_2$

Donde, $C_1= (y_{i+1} - y_i) / h_i - h_i\ (M_{i+1} - M_i\ ) / 6$; $C_2= (y_i\ x_{i+1} - y_{i+1}\ x_i) / h_i - h_i\ (M_{i+1}\ x_{i+1} - M_i\ x_i) / 6$

Considerando las condiciones de la segunda derivada, $S''(x0) = M0 = 0$ y $S''(xn) = Mn = 0$.

El spline que resulta, es una función que pasa por los $n + 1$ nodos, $(x_0, y_0)$, $(x_1, y_1)$, ..., $(x_n, y_n)$, minimizando la curvatura global de la función interpoladora.

Se obtienen las matrices,

$$\mathbf{H} = \begin{pmatrix} \frac{h_0+h_1}{3} & \frac{h_1}{6} & \mathbf{0}\ \dots \\ \frac{h_1}{6} & \frac{h_2+h_1}{3} & \frac{h_2}{6}\ \dots \\ \mathbf{0} & \frac{h_2}{6} & \frac{h_3+h_2}{3}\ \dots \\ & \vdots & \end{pmatrix}$$

H, matriz tridiagonal, diagonal predominante,

$$\mathbf{Y} = \begin{pmatrix} \frac{y_2-y_1}{h_1} - \frac{y_1-y_0}{h_0} \\ \frac{y_3-y_2}{h_2} - \frac{y_2-y_1}{h_1} \\ \vdots \end{pmatrix}$$

Y, matriz de términos independientes,

$$\mathbf{M} = \begin{pmatrix} M_1 \\ M_2 \\ \vdots \end{pmatrix}$$

M, matriz de las incógnitas.

Entonces, se obtiene la ecuación matricial, **H M = Y.** Por las propiedades, multiplicación e igualdad de matrices. Obtenemos el SELNH con matriz diagonal predominante.

$$
\begin{array}{lllll}
\frac{h_0+h_1}{3}M_1 & + & \frac{h_1}{6}M_2 & & = \frac{y_2-y_1}{h_1}-\frac{y_1-y_0}{h_0} \\
\frac{h_1}{6}M_1 & + & \frac{h_2+h_1}{3}M_2 & + \frac{h_2}{6}M_3 & = \frac{y_3-y_2}{h_2}-\frac{y_2-y_1}{h_1} \\
\frac{h_{n-2}}{6}M_{n-2} & + & \frac{h_{n-2}+h_{n-1}}{3}M_{n-1} & & = \frac{y_n-y_{n-1}}{h_{n-1}}-\frac{y_{n-1}-y_{n-2}}{h_{n-2}}
\end{array}
$$

El SELNH puede ser resuelto eficientemente por los métodos desarrollados en el capítulo II.

Lo anterior define el spline natural, el más usado.

## Ejercicios propuestos:

Calcular el polinomio de mayor grado por Lagrange, Newton y el polinomio de mejor ajuste de segundo grado usando los siguientes datos:

I)

| x | 1 | -3 | 5 | 7 |
|---|---|---|---|---|
| y | -2 | 1 | 2 | -3 |

2)

| x | -2 | 0 | 2 | 4 |
|---|---|---|---|---|
| y | 1 | -1 | 3 | -2 |

A) Calcular el valor para -2,5, con 4 cifras decimales.

B) Determinar por cada método el número de cifras significativas correctas, para un error absoluto de $10^{-3}$.

3) Dados los datos:

| x | 1 | 2 | 3 | 4 |
|---|---|---|---|---|
| y | 12 | 25 | 30 | 48 |

A) Ajustar una recta a la nube de puntos que representa la tabla y graficar, la recta y los puntos representando la distancia a la recta.
B) De acuerdo a la representación geométrica de los puntos de la tabla determinar el grado del polinomio que mejor los ajusta.
C) Calcular el polinomio del grado, determinado en B).
D) Determinar el spline cúbico natural.
E) Calcular el valor para 3,2, con 3 cifras decimales. Por ambos métodos.
F) Determinar para cada método el número de cifras significativas correctas, con error absoluto de $10^{-3}$.

# Capitulo V. Métodos de integración numérica.

Ante de entrar a los métodos numéricos de integración vamos a recordar brevemente el significado geométrico de la integral definida.

Sea una función continua de variable real f(x), definida sobre un intervalo [a , b], la curva AB que define la función, el eje OX y las rectas x = a y x = b, definen una figura plana aABb. El problema es calcular el área de esa figura plana.

Por los métodos analíticos este problema es resuelto como el cálculo de la integral de Riemann, de la función f(x) sobre el segmento [a, b], lo que se expresa de la forma,

$\int_a^b f(x)dx$, que puede resolverse por la fórmula de Newton- Leipniz, $\int_a^b f(x)dx =$ F(b) – F(a), donde la función F(x), es una función primitiva de f(x).

Sucede que no toda integral definida puede ser resuelta por métodos analíticos, ya que existen clase de funciones cuya integral no permite encontrar una función primitiva F(x) para la función integrando f(x).

Ejemplos:

$\int_a^b e^{-x^2}dx$, integral de Poisson,

$\int_a^b \frac{senx}{x}dx$, $\int_a^b \frac{cosx}{x}dx$, $x \neq 0$,

$\int_a^b senx^2dx$, $\int_a^b cosx^2dx$, integrales de Frenel, entre otras.

En otras situaciones, la estructura de la función integrando f(x), es tan complicada que, existiendo la función primitiva, la aplicación de los métodos analíticos, se presenta realmente difícil. Entonces

recurrimos a los métodos numéricos, que no proporcionan una solución exacta, pero si soluciones deseables como sean necesarias.

## V.1 Método del trapecio.

Sea f(x) definida sobre un segmento [a , b], la curva de la función f(x) (en azul), es aproximada por un polinomio de grado 1, la función lineal (en rojo) que pasa por los puntos (a, f(a)) y (b,f(b)). Como se muestra en la figura.

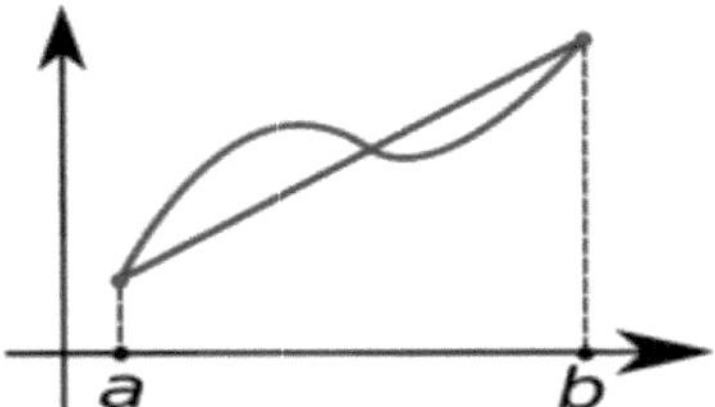


El área de la figura plana definida por la curva de la función f(x), el eje el OX y las rectas x = a y x = b, es aproximada por el área del trapecio, definido por la recta que pasa por los puntos (a, f(a)) y (b,f(b)), el eje OX y las rectas x = a y x = b. Entonces la integral queda expresada,

$$\int_a^b f(x)\,dx \approx (b-a)\frac{f(a)+f(b)}{2}.$$

Es evidente que podemos dividir [a, b] en un conjunto finito de subintervalos, calculando un valor, **h = ( b - a )/ n**, que llamaremos paso, donde n es el número de punto sobre [ a , b], tal que,

$$a = x_0 < x_1 < \ldots < x_{n-1} < x_n = b, \quad x_n = x_0 + n\,h.$$

Para cada uno de los intervalos definidos **[ $x_{i-1}$, $x_i$ ]**, para i = 1, 2, ... *n* – 1, n, se define un polinomio de interpolación grado 1 en la variable x, generándose una quebrada que aproxima a f(x) en el interval [ a , b]. Entonces el área de la figura plana definida por la curva de la función f(x), el eje OX y las rectas x = a y x = b, es aproximada por la suma de las áreas de **n-1** trapecio.

Es decir, $\int_a^b f(x)\,dx = \int_{x_0}^{x_1} p(x)_1^1 \ dx + \int_{x_1}^{x_2} p(x)_1^2 \ dx + \cdots + \int_{x_{n-1}}^{x_n} p(x)_1^n \ dx$

Resolviendo la primera integral del miembro derecho, para $p(x)_1^1 = y_0 + \frac{y_1 - y_0}{x_1 - x_0}(x - x_0)$. Por la propiedad de linealidad de la integral definida obtenemos,

$$\int_{x_0}^{x_1} p(x)_1^1\,dx = \int_{x_0}^{x_1} (y_0 + \frac{y_1 - y_0}{x_1 - x_0}(x - x_0))\,dx = h(\frac{y_0 + y_1}{2})$$

Aplicando el mismo procedimiento para las restantes integrales del miembro derecho obtenemos,

$$\int_{x_1}^{x_2} p(x)_1^2\,dx = h\left(\frac{y_1 + y_2}{2}\right)$$

$$\vdots$$

$$\int_{x_{n-1}}^{x_n} p(x)_1^n\,dx = h\left(\frac{y_{n-1} + y_n}{2}\right)$$

Sumando los resultados obtenidos de la integración y simplificando obtenemos, **la fórmula de los Trapecios,**

$$\int_a^b f(x)\,dx = h\left(\frac{Y_0 + Y_n}{2}\right) + h\,\sum_{i=1}^{n-1} Y_i$$

Ejemplo: Calcular el valor aproximado de, $\int_0^{\pi} sen\,x\,dx$, con 3 lugares decimals, para n=10, n=20. Asuma el error absoluto como $\Delta_I = \frac{|I_{10} - I_{20}|}{3}$. Determine el número de cifras significativas correctas.

$$I_{10} = \int_0^{\pi} sen\,x\,dx = 0{,}314\left(\frac{Y_0 + Y_{10}}{2}\right) + 0{,}314\ \sum_{i=1}^{9} Y_i \approx 1{,}983$$

$$I_{20} = \int_0^{\pi} sen\,x\,dx = 0{,}157\left(\frac{Y_0 + Y_{20}}{2}\right) + 0{,}157\sum_{i=1}^{19} Y_i \approx 1{,}995$$

$\Delta_I = \frac{|I_{10} - I_{20}|}{3} = \frac{0{,}012}{3} \approx 0{,}004$

Cálculo de las cifras significativas correctas (CSC).

Para $I_{10} = 1{,}983$

$3\ 10^{-3} \leq 4\ 10^{-3}$, es CSC, entonces, las cifras 8 y 9 también lo serán.

**Pueden desarrollarse empleando polinomios grado mayor otros métodos, por ejemplo.**

## V.2 Método de Simpson.

El área de la figura plana definida por la curva de la función f(x), el eje el OX y las rectas x = a y x = b, es aproximada por polinomios interpoladores de grado 2, $\mathbf{P_2(x) = a\,x^2 + b\,x + c}$, en los subintervalos $[\,x_{i-1}, x_i\,]$, para $i = 1, 2, \ldots\ n-1$, n, $\mathbf{a = x_0 < x_1 < \ldots < x_{n-1} < x_n = b}$, $\mathbf{x_n = x_0 + n\,h}$, $\mathbf{h = (b - a)/n}$, para

n = 2k, k $\in \boldsymbol{N}$.

Entonces

$$\int_a^b f(x)\,dx = \int_{x_0}^{x_2} p(x)_2^1\ dx + \int_{x_2}^{x_4} p(x)_2^2\ dx + \cdots + \int_{x_{n-2}}^{x_n} p(x)_2^n\ dx$$

Si trasladamos el sistema coordenado de modo que $x_1 = 0$, el área de esta región definida por la parábola que pasa por los puntos $(x_0\ , y_0)$, $(x_1\ , y_1)$, $(x_2\ , y_2)$ no cambiara, tendremos,

$$\int_{x_0}^{x_2} p(x)_2^1\ dx = \int_{-h}^{h} (a_1\,x^2 + b_1\,x + c_1)\,dx = \frac{2}{3}\,a\,h^3 + 2\,c\,h$$

Dado que $p(x)_2^1$ es un polinomio interpolador, se cumple

$$p(-h)_2^1 = a_1 h^2 - b_1\,h + c_1 = y_0$$

$$p(0)_2^1 = c_1 = y_1$$

$$p(h)_2^1 = a_1 h^2 + b_1\,h + c_1 = y_2$$

Sumando las ecuaciones primera y tercera, obtenemos,

$$p(-h)_2^1 + p(h)_2^1 = a_1 h^2 - b_1\, h + c_1 + a_1 h^2 - b_1\, h + c_1 = 2\, a_1 h^2 + 2\, c_1 =$$

$$= y_0 + y_2$$

Despejando tenemos, $a_1 = \frac{y_0 + y_2 - 2\, y_1}{2\, h^2}$ ; $c_1 = y_1$

Sustituyendo en la integral y simplificando, tenemos

$$\int_{x_0}^{x_2} p(x)_2^1 \; dx = \int_{-h}^{h} (a_1\, x^2 + b_1\, x + c_1)\, dx = \frac{2}{3}\, a\, h^3 + 2\, c\, h = \frac{h}{3}\, (y_0 + 4\, y_1 + y_2)$$

Siguiendo este procedimiento para el resto de las integrales, obtenemos

$$\int_a^b f(x)\, dx = \frac{h}{3}\, (y_0 + 4\, y_1 + 2\, y_2 + 4\, y_3 + 2\, y_4 + \cdots + 2y_{n-1} + 4y_{n-2} + y_n)$$

**Fórmula de Simpson,**

$$\int_a^b f(x)\, dx = \frac{h}{3}(E + 4I + 2P)$$

Donde.

**E** - suma de valores de las ordenadas en los extremos **$Y_0$ + $Y_n$**

**I** - suma de valores de las ordenadas impares **$Y_1$ + $Y_3$ + $Y_5$ + $Y_7$ + ... + $Y_{n-1}$**

**P** - suma de valores de las ordenadas pares **$Y_2$ + $Y_4$ + $Y_6$ + $Y_8$ + ... + $Y_{n-2}$**

Ejemplo: Calcular el valor aproximado de, $\int_0^{\pi} sen\, x\, dx$, con 3 lugares decimals, para n=10, n=20.

Solución.

$$I_{10} = \int_0^{\pi} sen\, x\, dx = \frac{0{,}3141}{3}\, (\, 0 + 4\, (3{,}2360) + 2\, (3{,}0776))$$

$$I_{10} = \int_0^{\pi} sen\, x\, dx \approx 2{,}000$$

$$I_{20} = \int_0^{\pi} sen\, x\, dx \approx 2{,}000$$

Ejemplo.
Aproximar la siguiente integral, aplicando la regla de los Trapecios y Simpson, dividiendo el intervalo de integración subdividiendo en 5 intervalos.

$$\int_0^1 e^{x^2}dx$$

Solución

Trapecios
En este caso, identificamos $n=5$, y la partición generada es:

$$P=\{0,0.2,0.4,0.6,0.8,1\}$$

Así, aplicando la fórmula tenemos que:

$$\int_0^1 e^{x^2}dx \approx (1-0)\left[\frac{f(0)+2(f(0.2)+f(0.4)+f(0.6)+f(0.8))+f(1)}{2(5)}\right]$$

$$=1\left[\frac{1+2(e^{(0.2)^2}+e^{(0.4)^2}+e^{(0.6)^2}+e^{(0.8)^2})+e}{10}\right]$$

$$=1.48065$$

Simpson

En este caso, tenemos que $n=5$, y la partición que se genera es:

$$P=\{0,0.2,0.4,0.6,0.8,1\}$$

Además, los puntos medios de cada subintervalo son:

$$P_M=\{0.1,0.3,0.5,0.7,0.9\}$$

Por lo tanto, sustituimos los datos en la fórmula para obtener:

$$\int_0^1 e^{x^2}dx \approx (1-0)\left[\frac{f(0)+4[f(0.1)+f(0.3)+\cdots+f(0.9)]+2[f(0.2)+f(0.4)+\cdots+f(0.8)]+f(1)}{6(5)}\right.$$

$$= \frac{1}{30}\left[1+4\left[e^{(0.1)^2}+e^{(0.3)^2}+\cdots+e^{(0.9)^2}\right]+2\left[e^{(0.2)^2}+e^{(0.4)^2}+e^{(0.6)^2}+e^{(0.8)^2}\right]+e\right]=1.4626$$

## Ejercicios propuestos:

I. Calcular el valor aproximado de las siguientes integrales por los métodos, Trapecio y Simpson, para n =10.

a) Determinar la diferencia entre los resultados obtenidos por los métodos aplicados.

b) Considerando el valor de la diferencia obtenida como el valor del error absoluto, determinar el número de cifras significativas correcta presente en los resultados obtenidos por ambos métodos.

(1) $\int_{-2}^{0} \frac{dx}{\sqrt{x+3}+\sqrt{(x+3)^3}}$ (2) $\int_{0}^{1} x \arctan x dx$

(3) $\int_{0}^{\frac{\pi}{4}} e^{3x} sen\, 4x dx$ (4) $\int_{\pi}^{\frac{5\pi}{3}} \frac{sen\ x}{x} dx$

(II) Determinar el valor aproximado del área de las siguientes figuras planas para n =10. Represente la figura en cada caso.

(1) La figura limitada por la curva $y = \ln x$ y las rectas $x = e$; $x = e^2$; $y = 0$.

(2) La figura limitada por la elipse $\frac{x^2}{a^2} + \frac{y^2}{b^2} = 1$.

(3) La figura limitada por la parábola $y = x^2 + 2x$ y la recta $y = x + 2$.

(4) La figura limitada por las circunferencias $x^2 + y^2 = a^2$; $x^2 + y^2 - 2ay = a^2$ y la recta $y = a$.

(5) La figura limitada por la parábola $y = -x^2 + 2x + 3$ y el eje $X$.

# CAPITULO VI. Métodos numéricos para la solución del problema de Cauchy.

Dentro de las teorías y métodos de la Matemática se encuentran las ecuaciones diferenciales, las cuales unidas a las restricciones del problema (condiciones iniciales y/o de contorno) hace de estas un lenguaje más exacto y claro que sirve de modelo (modelo diferencial), para expresar y estudiar la dinámica de fenómenos y procesos de diversas áreas del conocimiento.

Estos modelos aparecen caracterizados por la relación entre las derivadas o diferenciales de las funciones incógnitas (las funciones que expresan el comportamiento del fenómeno) respecto a una o varias variables independientes, son las conocidas Ecuaciones Diferenciales (ED). Las mismas aparecen en problemas de mecánica, dinámica de fluidos, resistencia de materiales, electricidad, propagación del calor, oferta-demanda, propagación de epidemia, estudio de poblaciones, estudio de ecosistemas, entre otros campos de estudio e investigación.

De acuerdo al número de variables independientes presentes en la ecuación diferencial, estas se clasifican en: EDO (Ecuaciones Diferenciales Ordinarias), si está presente una variable independiente y EDP (Ecuaciones en Derivadas Parciales) si está presente más de una variable independiente.

Ejemplos:

$$LY(x)=\frac{d[Y(x)]}{dx}=\operatorname{sen}x \tag{1}$$

$$LU(x,y)=\left(\frac{\partial}{\partial x}+\frac{\partial}{\partial y}\right)[U(x,y)]=1 \tag{2}$$

$$LY(t)=\left(\frac{d^2}{dt^2}+\frac{d}{dt}+1\right)[y(t)]=e^t+\cos t \tag{3}$$

$$LU(t,x)=\left(\frac{\partial}{\partial t}+\frac{\partial^2}{\partial x^2}\right)[u(t,x)]=x \tag{4}$$

Por *L* definimos al operador diferencial. Las ecuaciones (1) y (3) son ejemplos de EDO, al estar presente la derivada ordinaria de la función incógnita respecto a una variable independiente, (2) y (4) EDP, están presentes las derivadas parciales de la función incógnita respecto a dos o más variables independientes.
Las ecuaciones diferenciales también se clasifican de acuerdo al mayor orden de las derivadas o el diferencial presente en las mismas. Las ecuaciones (1) y (2) representan ecuaciones diferenciales (ordinaria y en derivadas parciales) de primer orden, (3) y (4) de segundo orden. De forma análoga se definen las ecuaciones diferenciales de orden mayor que dos (ecuaciones diferenciales de orden superior).
Los problemas expresados por las ecuaciones diferenciales aparecen unidos a condiciones iniciales (se conoce el valor de la función incógnita para un valor de la variable temporal (Problema de Cauchy), los problemas con condiciones en la frontera (se conoce el valor de la función incógnita para algunos valores de las variables espaciales, en el contorno (frontera) del dominio donde se estudia el fenómeno en cuestión, (Problema de Contorno) y los problemas mixtos, aparecen condiciones iniciales y de frontera.
Luego de ser definido el modelo diferencial. El problema que se presenta es determinar su solución, es decir, obtener la función, que expresa el comportamiento cualitativo (cuantitativo). Los métodos para la solución de los modelos diferenciales pueden ser clasificados: Métodos Analíticos y Métodos Aproximados.
Los métodos analíticos son aquello que permiten obtener la solución expresada por una función (una fórmula), los mismos dependen de las características de la ecuación: orden, propiedades de linealidad, las propiedades de continuidad de los coeficientes (entiéndase en general las funciones) presentes en ella y en las condiciones iniciales y / o en la frontera.
Si a lo anterior agregamos que estas ecuaciones aparecen frecuentemente como resultado de un proceso de modelación (idealización de un proceso real) y los coeficientes que intervienen en la ecuación y las condiciones son resultado de procesos de mediciones experimentales, podemos llegar a la conclusión de que enfrentar la solución por medio de los métodos analíticos será una tarea de un alto

nivel de complejidad, o simplemente estos no pueden brindarnos la solución de toda la gama de problemas que aparecen expresados por los modelos diferenciales. Siendo necesario recurrir a los métodos aproximados (entiéndase métodos numéricos), los mismos sólo brindan una solución aproximada para un numero finito de puntos, no pudiéndose obtener una solución general, pero a pesar de estas desventajas, su utilización unido al uso de los recursos computacionales, han demostrado tener el alcance suficiente para dar una respuesta adecuada, que satisfaga las exigencias impuestas por el problema objeto de estudio.

## VI. 1 Métodos numéricos para problema de Cauchy. EDO de primer orden.

Las ecuaciones diferenciales de primer orden se presentan en multitud de problemas de las aplicaciones matemáticas, pero no sólo por eso son importantes. Resulta que toda ecuación diferencial ordinaria de orden superior (orden mayor que uno), (o sistema de ecuaciones diferenciales) en la que pueda despejarse la(s) derivada(s) de mayor orden, puede reducirse a un sistema de ecuaciones diferenciales, donde cada una de las ecuaciones es de primer orden. Esto significa que, desarrollando métodos numéricos capaces de resolver ecuaciones diferenciales de primer orden con condiciones iniciales o en la frontera, se podrá resolver cualquier problema de este tipo, para las ecuaciones y sistemas de ecuaciones diferenciales ordinarias mencionados.

Consideremos el problema de Cauchy para la ecuación diferencial ordinaria de primer orden:

$$\begin{aligned} &\frac{dy}{dx} = f(x, y) \\ &y(x_0) = y_0 \end{aligned} \qquad (1)$$

Los métodos numéricos para resolver este problema se basan en la idea de tomar un conjunto discreto de valores de $x$:

$\{x_0, x_1, x_2, \ldots\}$, casi siempre uniformemente espaciados, y hallar valores:

$\{y_0, y_1, y_2, \ldots\}$, valores de la función en el conjunto de los valores $\{x_0, x_1, x_2, \ldots\}$, que se aproximen a los valores de la solución exacta de (1):

$\{y(x_0),\, y(x_1),\, y(x_2), \ldots\}$

Los algoritmos para hallar las soluciones aproximadas $\{y_0,\, y_1,\, y_2, \ldots\}$ son en general iterativos y pueden simbolizarse mediante una ecuación del tipo:

$y_{n+1} = G(y_n,\, y_{n-1}, y_{n-2}, \ldots, y_{n-k}) \qquad n \geq k$

En el caso más sencillo, cuando $k=0$, $y_{n+1} = G(y_n)$ $n \geq 0$, los métodos se llaman de paso simple, los otros casos, métodos de paso múltiple.

Mas estos métodos representan aplicación de los métodos de interpolación al construir una quebrada (segmento de rectas que aproximan la curva solución, función analítica). Solución de un modelo linealizado.

## VI.1.2 Método de Euler.

Es el más sencillo de los métodos de paso simple.

Sea el problema de Cauchy,

$$\frac{dy}{dx} = f(x, y)$$
$$y(x_0) = y_0$$

Conocido el punto $(x_0, y_0)$, expresado en la condición inicial del problema, para hallar el punto de la solución aproximada $(x_1, y_1)$, se sigue una trayectoria rectilínea de la pendiente en el punto $(x_0, y_0)$, en esa dirección hasta alcanzar la abscisa $x_1$.

La pendiente de la recta que pasa por los puntos es:

$\frac{y_1 - y_0}{x_1 - x_0} = f(x_0, y_0)$, despejando $y_1$, obtenemos la expresión,

$$y_1 = y_0 + (x_1 - x_0) f(x_0, y_0)$$

Llamando $h = x_1 - x_0$, paso, la ecuación queda en la forma,

$$y_1 = y_0 + hf(x_0, y_0).$$

Una vez conocido $(x_1, y_1)$, se continua un proceso iterativo para determinar $(x_2, y_2)$,

Suponiendo que $h = x_2 - x_1$ se obtiene $y_2 = y_1 + hf(x_1, y_1)$.

En general, si se toma un paso $h$ como incremento de la variable independiente, resulta:

Para $n = 0, 1, 2, \ldots$

$$x_{n+1} = x_n + h \qquad (2)$$

$$y_{n+1} = y_n + hf(x_n, y_n)$$

Nada impide que $h$ tome valores diferentes en cada aplicación de la fórmula (2), y aunque no es usual, su valor puede ser negativo.

Ejemplo:

Resolver el problema de Cauchy,

$$\frac{dy}{dx} = \frac{1}{2}y$$

$$y(0) = 0{,}5$$

Para x, en el intervalo $0 \leq x \leq 3$, mediante el método de Euler con paso $h = 0{,}4$.

Compare las soluciones aproximadas con la solución exacta.

**Solución**

La solución exacta es $y = \frac{1}{2}e^{\frac{x}{2}}$

$x_0 = 0 \qquad y_0 = 0{,}5$

**error** $(y_0) = y(x_0) - y_0 = 0{,}5 - 0{,}5 = 0$,

$x_1 = x_0 + h = 0 + 0{,}4 = 0{,}4$

$y_1 = y_0 + hf(x_0, y_0) = y_0 + h.\frac{y_0}{2} = 0{,}5 + 0{,}4.\frac{0{,}5}{2} = 0{,}6$

**error** $(y_1) = y(x_1) - y_1 = 0{,}6107 - 0{,}6 = 0{,}0107$

$x_2 = x_1 + h = 0{,}4 + 0{,}4 = 0{,}8$

$y_2 = y_1 + hf(x_1, y_1) = y_1 + h.\frac{y_1}{2} = 0{,}6 + 0{,}4.\frac{0{,}6}{2} = 0{,}72$

**error** $(y_2) = y(x_2) - y_2 = 0{,}7459 - 0{,}72 = 0{,}0259$

..........................................................................................

$x_{10} = x_9 + h = 3{,}6 + 0{,}4 = 4$

$y_{10} = y_9 + hf(x_9, y_9) = y_9 + h.\frac{y_9}{2} = 2{,}5799 + 0{,}4.\frac{2{,}5799}{2} = 3{,}0959$

**error** $(y_{10}) = y(x_{10}) - y_{10} = 3{,}6945 - 3{,}0959 = 0{,}5986$

Nótese que el error de la solución aproximada se va incrementando en la medida que la solución progresa. Este comportamiento está relacionada con la estabilidad, en nuestro ejemplo la ecuación diferencial es inestable, pues $\frac{\partial f}{\partial y} = \frac{1}{2} > 0$. Lo anterior no es general.

Error en el método de Euler

Sean:

$y_h$ : Solución aproximada obtenida para un cierto $x$ usando un paso $h$.

$y_{2h}$ : Solución aproximada obtenida para el mismo $x$ usando un paso $2h$.

$e_h$ : Error total de $y_h$.

Entonces $e_h \approx y_h - y_{2h}$

## VI.3 Métodos de Taylor.

Considérese de nuevo el problema de Cauchy.

$$\frac{dy}{dx} = f(x, y)$$

$$y(x_0) = y_0$$

y para $x = x_n$ , se conoce una buena aproximación $y_n$, de la solución exacta $y(x_n)$.

Se desea buscar una aproximación $y_{n+1}$, como ofrece la fórmula de Euler, $y_{n+1} = y_n + hf(x_n, y_n)$.

Esta fórmula consiste en hallar $y_{n+1}$ aproximando la solución $y(x)$ mediante la recta tangente a la curva que representa la solución de la ecuación, en el punto $(x_n, y_n)$, pero existe otra posibilidad de aproximar a $y(x)$ no mediante una línea recta sino mediante un polinomio interpolador degrado mayor. Para ello, se supone que la solución $y(x)$ se desarrolla en serie de Taylor alrededor de $x_n$

$$y(x_{n+1}) \approx y(x_n) + y'(x_n)h + \frac{1}{2}y''(x_n)h^2 + \cdots + \frac{1}{n!}y^{(n)}(x_n)h^n \qquad (*)$$

Al tomar de esta serie sólo los dos primeros términos,

$y(x_{n+1}) \approx y(x_n) + y'(x_n)(x - x_n)$, se obtiene,

$y(x_{n+1}) \approx y(x_n) + y'(x_n)h$,

que no es otra que la fórmula de Euler,

$y_{n+1} = y_n + hf(x_n, y_n)$,

Lo anterior muestra que si tomamos más de dos términos en la serie de Taylor se pueden obtener fórmulas aproximadas con mayor calidad que la de Euler. A los métodos así obtenidos se les conoce como Métodos de Taylor.

Por ejemplo, para obtener el método de Taylor de orden 2, se tiene:

$$y(x_{n+1}) \approx y(x_n) + y'(x_n)h + \frac{1}{2}y''(x_n)h^2 \qquad (**)$$

y como,

$y'(x) = f(x, y(x))$, entonces $y''(x) = f_x(x, y(x)) + f_y(x, y(x))y'(x)$, y de aquí se obtiene,

$y''(x_n) \approx f_x(x_n, y_n) + f_y(x_n, y_n)f(x_n, y_n)$

Sustituyendo en (**) obtenemos finalmente:

$y_{n+1} = y_n + hf(x_n, y_n) + \frac{1}{2}h^2\left[f_x(x_n, y_n) + f_y(x_n, y_n)f(x_n, y_n)\right]$, que es la fórmula de Taylor de orden 2.

Continuando esta línea de pensamiento se pueden obtener otras fórmulas de Taylor de orden mayor.

## VI.4 Métodos de Runge-Kutta.

**Runge-Kutta 2.**

En la aplicación del método de Taylor de orden 2 se obtuvo la fórmula:

$$y_{n+1} = y_n + hf(x_n, y_n) + \frac{1}{2}h^2\left[f_x(x_n, y_n) + f_y(x_n, y_n)f(x_n, y_n)\right],$$

la cual puede ser escrita como,

$$y_{n+1} = y_n + hf(x_n, y_n) + \frac{1}{2}h\left[hf_x(x_n, y_n) + hf_y(x_n, y_n)f(x_n, y_n)\right]$$

Llamemos $K_1 = hf(x_n, y_n)$, entonces,

$$y_{n+1} = y_n + K_1 + \frac{1}{2}h\left[hf_x(x_n, y_n) + K_1 f_y(x_n, y_n)\right]$$

Si se supone que $f(x, y)$ es diferenciable, su diferencial viene dado por

$$df(x, y) = f_x(x, y)\Delta x + f_y(x, y)\Delta y.$$

Si tomamos $\Delta x = h$ y $\Delta y = K_1$ podemos escribir,

$df(x, y) = f_x(x, y)h + f_y(x, y)K_1$, por lo que,

$$y_{n+1} = y_n + K_1 + \frac{1}{2}df(x_n, y_n) \qquad (***)$$

Por otra parte el incremento de la función $f(x, y)$ viene dado por,

$\Delta f(x_n, y_n) = f(x_n + h, y_n + K_1) - f(x_n, y_n)$, el cual para valores pequeños de $h$ y $K_1$ se puede aproximar por su diferencial.

De esta forma (***) se transforma en,

$$y_{n+1} = y_n + K_1 + \frac{1}{2}h\left[f(x_n + h, y_n + K_1) - f(x_n, y_n)\right].$$

Haciendo $K_2 = hf(x_n + h, y_n + K_1)$ en la ecuación anterior, resulta:

$$y_{n+1} = y_n + K_1 + \frac{1}{2}[K_2 - K_1] = y_n + \frac{1}{2}[K_1 + K_2]$$

Ejemplo:

Calcular la solución aproximada del problema de Cauchy,

$$\frac{dy}{dx} = \frac{1}{2}y \qquad y(0) = 0{,}5$$

En el intervalo $0 \le x \le 3$ mediante el método **RK2** con paso $h = 0{,}4$. Compare las soluciones aproximadas con la solución exacta.

**Solución**

La solución exacta es $y=\frac{1}{2}e^{\frac{x}{2}}$

$x_0=0$ , $y_0=0{,}5$

**error** $(y_0)=y(x_0)-y_0=0{,}5-0{,}5=0$

$$K_1=hf(x_0,y_0)=0{,}4.f(0;0{,}5)=0{,}4.\frac{1}{2}.0{,}5=0{,}1$$

$$K_2=hf(x_0+h,y_0+K_1)=0{,}4.f(0{,}4,0{,}6)=0{,}4.\frac{1}{2}.0{,}6=0{,}12$$

$$y_1=y_0+\frac{1}{2}[K_1+K_2]=0{,}5+\frac{1}{2}(0{,}1+0{,}12)=0{,}61.$$

$x_1=0{,}4$ $y_1=0{,}61$

**error** $(y_1)=y(x_1)-y_1=0{,}6117-0{,}61=0{,}0017$

$$K_1=hf(x_1,y_1)=0{,}4.f(0{,}4;0{,}61)=0{,}4.\frac{1}{2}.0{,}61=0{,}122$$

$$K_2=hf(x_1+h,y_1+K_1)=0{,}4.f(0{,}8;0{,}732)=0{,}4.\frac{1}{2}.0{,}732=0{,}1464$$

$$y_2=y_1+\frac{1}{2}[K_1+K_2]=0{,}61+\frac{1}{2}(0{,}122+0{,}1464)=0{,}7442$$

$x_2=0{,}8$ $y_2=0{,}7442$

El error en el método de RK2.

Sean:

$y_h$ : Solución aproximada obtenida para un cierto $x$ usando un paso $h$.

$y_h$ : Solución aproximada obtenida para el mismo $x$ usando un paso $2h$.

$e_h$ : Error total de $y_h$.

Entonces $e_h=\frac{y_h-y_{2h}}{3}$

- Método de Runge-Kutta de orden 4.

A partir del método de Taylor, se pueden deducir varios esquemas de Runge-Kutta, el de orden cuatro, de modo similar a lo realizado para obtener **RK2.** Se obtiene el algoritmo, expresado por,

**RK4:** $$\begin{cases} K_1 = hf(x_n, y_n) \\ K_2 = hf(x_n + \frac{1}{2}h, y_n + \frac{1}{2}K_1) \\ K_3 = hf(x_n + \frac{1}{2}h, y_n + \frac{1}{2}K_2) \\ y_{n+1} = y_n + \frac{1}{6}(K_1 + 2K_2 + 2K_3 + K_4) \end{cases} \qquad n = 0, 1, 2, 3, \ldots$$

## VI.5 Problema de Cauchy para sistema EDO primer orden.

Sea el sistema de ecuaciones diferenciales de primer orden, con las condiciones iniciales,

$$\frac{du_1}{dt} = f_1(x, u_1, u_2, \ldots, u_m) \qquad u_1(x_0) = u_{10}$$

$$\frac{du_2}{dt} = f_2(x, u_1, u_2, \ldots, u_m) \qquad u_2(x_0) = u_{20}$$

$$\vdots$$

$$\frac{du_m}{dt} = f_m(x, u_1, u_2, \ldots, u_m) \qquad u_{m1}(x_0) = u_{m0}$$

se denomina Problema de Cauchy de orden m.

## Solución numérica de un problema de Cauchy de orden m.

Cualquiera de los métodos estudiados para resolver ecuaciones diferenciales de primer orden puede ser adaptado para resolver problemas de Cauchy de orden $m$, solamente hay que realizar el siguiente cambio. Si el método que se va a emplear consta de varias etapas en cada paso(por ejemplo RK2 consta de tres etapas en cada paso: calcular $K_1$; calcular $K_2$ y hallar $y_{n+1}$). Entonces en cada paso de la solución del problema de Cauchy, se aplican, la etapa 1 a las $m$ ecuaciones, después, la etapa 2 a todas las ecuaciones, hasta aplicar la última etapa a todas las ecuaciones y con esto queda terminado un paso.

El método RK2 para un problema de Cauchy de orden m.

Sea el problema de Cauchy,

$$\frac{du_1}{dt} = f_1(x, u_1, u_2, \dots, u_m) \qquad u_1(x_0) = u_{10}$$

$$\frac{du_2}{dt} = f_2(x, u_1, u_2, \dots, u_m) \qquad u_2(x_0) = u_{20}$$

.

.

.

$$\frac{du_m}{dt} = f_m(x, u_1, u_2, \dots, u_m) \qquad u_{m1}(x_0) = u_{m0}$$

Supongamos que las variables $u_1;\ u_2;\ \dots, u_m$ han sido calculadas hasta el paso $n$, es decir que se conocen los valores de $u_{1,n+1};\ u_{2,n+1};\ \dots, u_{m,n+1}$ mediante un paso del método RK2. Este paso consta de tres etapas:

**Etapa1**: Calcular los valores $K_{1i}$, i = 1,2, ..., m.

$$K_{11} = hf_1(x_n, u_{1n}, u_{2n}, \dots, u_{mn})$$

$$K_{12} = hf_2(x_n, u_{1n}, u_{2n}, \dots, u_{mn})$$

.

.

.

$$K_{1m} = hf_m(x_n, u_{1n}, u_{2n}, \dots, u_{mn})$$

**Etapa 2:** Calcular las $K_{2i}$ :

$$K_{21} = hf_1(x_n + h, u_{1n} + K_{11}, u_{2n} + K_{12}, \dots, u_{mn} + K_{1m})$$

$$K_{22} = hf_2(x_n + h, u_{1n} + K_{11}, u_{2n} + K_{12}, \dots, u_{mn} + K_{1m})$$

.

.

.

$$K_{2m} = hf_m(x_n + h, u_{1n} + K_{11}, u_{2n} + K_{12}, \dots, u_{mn} + K_{1m})$$

**Etapa 3:** Hallar la solución en $x_{n+1}$

$$u_{1,n+1} = u_{1n} + \frac{1}{2}(K_{11} + K_{21})$$

$$u_{2,n+1} = u_{2n} + \frac{1}{2}(K_{12} + K_{22})$$

$$\vdots$$

$$u_{m,n+1} = u_{mn} + \frac{1}{2}(K_{1m} + K_{2m})$$

Ejemplo.

Dado el problema de Cauchy

$$\frac{du_1}{dx} = x + u_2 - u_1 u_3$$

$$\frac{du_2}{dx} = x\, u_3$$

$$\frac{du_3}{dx} = u_1 + u_2 - u_3$$

con condiciones iniciales

$u_1(1{,}4) = 3;\ \ u_2(1{,}4) = 1{,}7;\ \ u_3(1{,}4) = 2{,}5$

Calcule dos pasos de la solución mediante RK2 tomando $h = 0{,}2$.

**Solución.**

$$u_{10} = 3 \quad , \quad u_{20} = 1{,}7 \quad , \quad u_{30} = 2{,}5$$

**Etapa1:** Calcular las $K_1$ :

$$K_{11} = hf_1(x_0, u_{10}, u_{20}, u_{30}) = hf_1(1{,}4; 3; 1{,}7; 2{,}5) = 0{,}2(1{,}4 + 1{,}7 - 3.2{,}5) = -0{,}88$$

$$K_{12} = hf_2(x_0, u_{10}, u_{20}, u_{30}) = hf_2(1{,}4; 3; 1{,}7; 2{,}5) = 0{,}2(1{,}4)(2{,}5) = 0{,}7$$

$$K_{13} = hf_3(x_0, u_{10}, u_{20}, u_{30}) = hf_3(1{,}4; 3; 1{,}7; 2{,}5) = 0{,}2(3 + 1{,}7 - 2{,}5) = 0{,}44$$

**Etapa 2:** Calcular las $K_2$ :

$$K_{21} = hf_1(x_0 + h, u_{10} + K_{11}, u_{20} + K_{12}, u_{30} + K_{13}) = hf_1(1,6; 2,12; 2,4; 2,94)$$
$$= 0,2(1,6 + 2,4 - 2,12.2,94) = -0,4466$$

$$K_{22} = hf_2(x_0 + h, u_{10} + K_{11}, u_{20} + K_{12}, u_{30} + K_{13}) = hf_2(1,6; 2,12; 2,4; 2,94)$$
$$= 0,2(1,6.2,94) = 0,9408$$

$$K_{23} = hf_3(x_0 + h, u_{10} + K_{11}, u_{20} + K_{12}, u_{30} + K_{13}) = hf_3(1,6; 2,12; 2,4; 2,94)$$
$$= 0,2(2,12 + 2,4 - 2,94) = 0,316$$

**Etapa 3:** Hallar la solución en $x_{n+1}$

$$u_{11} = u_{10} + \frac{1}{2}(K_{11} + K_{21}) = 3 + \frac{1}{2}(-0,88 - 0,4466) = 2,3367$$

$$u_{21} = u_{20} + \frac{1}{2}(K_{12} + K_{22}) = 1,7 + \frac{1}{2}(0,7 + 0,9408) = 2,5204$$

$$u_{31} = u_{30} + \frac{1}{2}(K_{13} + K_{23}) = 2,5 + \frac{1}{2}(0,44 + 0,316) = 2,8780$$

$x_0 = 1,6$ $u_{11} = 2,3367$ $u_{21} = 2,5204$

$u_{31} = 2,8780$

De forma similar se obtienen los demás valores.

Como se planteó anteriormente, toda ecuación diferencial ordinaria de orden superior (o sistema de ecuaciones diferenciales) en la que pueda despejarse la(s) derivada(s) de mayor orden, puede reducirse a un sistema de ecuaciones diferenciales, donde cada una de las ecuaciones es de primer orden, por lo tanto, para encontrar las soluciones que satisfagan determinadas condiciones iniciales, para las ecuaciones de orden superior y los sistemas, pueden aplicarse los métodos numéricos desarrollados para el problema de Cauchy para las ecuaciones diferenciales de primer orden, previamente transformado las ecuaciones de orden superior a un problema de Cauchy de orden m.

Ejemplo.

Transforme la siguiente ecuación diferencial con condiciones iniciales a un problema de Cauchy de orden m.

$$\frac{d^4y}{dx^4}+e^x\frac{d^2y}{dx^2}\cdot\frac{dy}{dx}-x\left(\frac{d^3y}{dx^3}\right)^2=\cos y-4xy$$

$y(2)=1{,}5 \quad y'(2)=3{,}1 \quad y''(2)=-0{,}8 \quad y'''(2)=3{,}7$

**Solución.**

$$\frac{d^4y}{dx^4}=\cos y-4xy-e^x\frac{d^2y}{dx^2}\cdot\frac{dy}{dx}-x\left(\frac{d^3y}{dx^3}\right)^2$$

Las nuevas variables $u_1,\ u_2,u_3,u_4$ se definen como:

$u_1=y,\ u_2=y',u_3=y'',u_4=y'''$ . De aquí se obtiene el sistema:

$$\frac{du_1}{dx}=u_2$$

$$\frac{du_2}{dx}=u_3$$

$$\frac{du_3}{dx}=u_4$$

$$\frac{du_4}{dx}=\cos u_1-4xu_1-e^xu_2u_3+x(u_4)^2$$

con las condiciones iniciales

$u_1(2)=1{,}5 \quad u_2(2)=3{,}1 \quad u_3(2)=-0{,}8 \quad u_4(2)=3{,}7$

Ejemplo.

Resuelva el siguiente sistema de ecuaciones diferenciales. Problema de Cauchy.

$$y'''(t)+z'(t)y''(t)=z(t)y(t)+t^3y'(t)$$
$$z''(t)y''(t)=y'(t)z'(t)+y(t)\ln t$$

con condiciones iniciales

$y(1{,}5)=3;\quad y'(1{,}5)=2;\quad y''(1{,}5)=-1;\quad z(1{,}5)=0;\quad z'(1{,}5)=1.$

**Solución.**

Al despejar $y'''(t)$ en la primera ecuación y $z''(t)$ en la segunda ecuación, el sistema queda:

$$y'''(t) = z(t)y(t) + t^3 y'(t) - z'(t)y''(t)$$
$$z''(t) = \frac{y'(t)z'(t) + y(t)\ln t}{y''(t)}$$

Sean $u_1$; $u_2$; $u_3$; $u_4$; $u_5$ definidas como:

$u_1 = y$; $u_2 = y'$; $u_3 = y''$; $u_4 = z$; $u_5 = z'$

Entonces,

$$\frac{du_1}{dt} = u_2$$

$$\frac{du_2}{dt} = u_3$$

$$\frac{du_3}{dt} = u_1 u_4 + t^3 u_2 - u_3 u_5$$

$$\frac{du_4}{dt} = u_5$$

$$\frac{du_5}{dt} = \frac{u_2 u_5 + u_1 \ln t}{u_3}$$

con condiciones iniciales

$u_1(1{,}5) = 3$;  $u_2(1{,}5) = 2$;  $u_3(1{,}5) = -1$;  $u_4(1{,}5) = 0$;  $u_5(1{,}5) = 1$

que es un problema de Cauchy de orden cinco. Puede ser resuelto de forma aproximada por los métodos desarrollados.

## Ejercicios propuestos.

1) Dado el problema de Cauchy.

$$\frac{dy}{dx} = \frac{x-y}{\ln x}, \quad y(2) = 1$$

Halle la solución con tres cifras decimales exactas en el intervalo $2 \le x \le 6$ utilizando los métodos de Euler, RK2 y RK4. Compare la cantidad de veces que fue necesario evaluar la función $f$ en cada caso.

2) Dado el sistema

$$\frac{dy}{dt} = x^2 + yt - 2, \quad x(1) = 3$$

$$\frac{dx}{dt} = senx - xy, \quad y(1) = 2{,}5$$

Halle $x(1)$ y $y(1)$ con cuatro cifras decimales correcta.

3) Dada la ecuación diferencial

$$\frac{d^2y}{dx^2} + y\frac{dy}{dx} - x^2 y = xe^x, \quad y(0) = 1; \quad y'(0) = 1{,}45$$

Halle la solución en el intervalo $[0,\ 1]$ de modo que $y(1)$ tenga tres cifras significativas correcta.

4) Dado el sistema:

$$\frac{d^2y}{dx^2} + z\frac{dy}{dx} - \cos y = e^{-z} \qquad y(1{,}2) = 1$$

$$\frac{dz}{dx} - x\frac{dy}{dx} = xyz \qquad y'(1{,}2) = 2$$

$$z(1{,}2) = 0{,}5$$

Halle la solución con tres cifras decimales correctas en el intervalo $[1{,}2; \quad 2{,}1]$

# Capítulo VII. Introducción a los métodos numéricos para la solución de modelos de la Física – Matemática.

Las principales ecuaciones diferenciales en derivadas parciales que expresan modelos de procesos y fenómenos de la física, son las EDP de segundo orden.

$$\left( A(t,x)\frac{\partial^2}{\partial t^2} + 2B(t,x)\frac{\partial^2}{\partial t\,\partial x} + C(t,x)\frac{\partial^2}{\partial x^2} + a(t,x)\frac{\partial}{\partial t} + b(t,x)\frac{\partial}{\partial x} + c(t,x \right)[u(t,x)] =$$

$$= f(t,x)$$

## Clasificación de las EDP de segundo orden.

### Ecuaciones de tipo Hiperbólico.

Ejemplo.

EDP, unidimensional respeto a la variable espacial.

$\frac{\partial^2 u(t,x)}{\partial t^2} = a^2 \frac{\partial^2 u(t,x)}{\partial x^2}$, $a^2 = T/\rho$, T-tención de la cuerda, $\rho$-densidad lineal.

Modelo de problemas con condiciones de contorno y condiciones iniciales. Expresa fenómenos de propagación de Ondas (cuerda, acústica, electromagnéticas y otros problemas oscilatorios). Es un problema mixto.

### Ecuaciones de tipo Parabólico.

Ejemplo.

EDP, unidimensional respeto a la variable espacial.

$\frac{\partial u(t,x)}{\partial t} = a^2 \frac{\partial^2 u(t,x)}{\partial x^2}$, $a^2 = k/c\rho$, $\rho$-densidad del medio, k-coeficiente de conductividad, c- calor específico.

Modelo de problemas con condiciones de contorno y condiciones iniciales. Expresa fenómenos de conducción térmica y difusión. Es un problema mixto.

### Ecuaciones de tipo Elíptico.

Ejemplo.

EDP bidimensional, respeto a las variables espaciales. Ecuación de Laplace. No contiene condiciones iniciales.

$$\frac{\partial^2 u(t,x)}{\partial x^2}+\frac{\partial^2 u(t,x)}{\partial y^2}=0$$

Modelo de problemas con sólo condiciones de contorno. Expresa fenómenos de ciclo fijo, no dependen de variable temporal.

El lector debe comprender que las ecuaciones se generalizan al caso tridimensional de la variable espacial, ellas definen las condiciones de frontera, problema de contorno.

## VII. 1 Idea general de los métodos numéricos para los problemas de la física-matemática.

Sobre este tema puede encontrarse una variada literatura, alguna de las cuales son referenciadas. No pretendemos sustituirlas, sólo tratar de despejar un poco el camino a aquellos que comienzan a familiarizarse en la utilización de estos métodos.

Dada la región $\Gamma$=G$\cup$P (figura 1),

Figura 1

donde, G es el interior de $\Gamma$; P la frontera de $\Gamma$.

Se desea determinar, dentro de cierta clase de funciones definidas en $\Gamma$, aquellas que sean solución de la ecuación diferencial,

$$Ly(x)=\varphi(x)\,,\ \forall x\in G \tag{1}$$

y además satisfagan las condiciones de fronteras

$$\ell y(x)=\mu(x)\ ,\ \forall x\in P \tag{2}$$

donde, L y $\ell$ son operadores diferenciales, y(x) la función incógnita, $\varphi$(x) y $\mu$ (x) funciones continuas conocidas, en general, $x \in \Re^n$ ( x=($x_1$, $x_2$,..., $x_n$) ).
En alguna clase de funciones, el problema (1)-(2) está correctamente planteado (existe la solución, es única y estable), entonces resolver (1)-(2), por medio de los métodos numéricos significa:

1. Transformar la región continua $\Gamma$ en una región discreta (conjunto finito de puntos) sobre la que se calcularan los valores de la función incógnita y(x).
2. Transformar el modelo continuo diferencial, (1) -(2) en un modelo discreto algebraico (sistema de ecuaciones lineales).
3. Determinación de las soluciones del sistema de ecuaciones lineales sobre la región discretizada.
4. Verificar la convergencia de las soluciones obtenidas.

Entre los métodos numéricos más populares para determinar la solución aproximada del problema de contorno se encuentran: Método de Diferencia Finita (MDF) y Método de Elementos Finitos (MEF).

## VII.2 Generalidad del Método en Diferencias Finitas (MDF).

Retomemos el problema (1)-(2):
La región continua $\Gamma = G \cup P$ se sustituye por un conjunto finito de puntos (nodos), los que definen una red (malla) $\Gamma_h = G_h \cup P_h$ (figura 2),

**Figura 2**

donde h es el paso con el cual se discretiza $\Gamma$.

Aproximemos las derivadas que aparecen en (1)-(2) por las diferencias finitas correspondientes al orden de las derivadas (puede entenderse como diferencia finita, la derivada discreta, la razón sin paso al límite), es decir los operadores diferenciales se sustituyen por operadores en diferencias $L_{h,}, \ell_h$.

Las funciones $\varphi$ (x) y $\mu$ (x) se sustituyen por sus valores sobre la red $\varphi_h(x), \mu_h(x)$ obteniendo el siguiente esquema en diferencias,

$$\begin{cases} L_h y_h(x) = \varphi_h(x), & x \in G_h \\ \ell_h y_h(x) = \mu_h(x), & x \in P_h \end{cases} \qquad (3)$$

Como resultado se obtiene un sistema de ecuaciones lineales, cuyas soluciones son los valores de la función y(x) sobre la red.

Diremos que el esquema en diferencias (3) está correctamente planteado, si para h suficientemente pequeño y $\forall \varphi_h, \mu_h \in H_h$ ($H_h$ es un espacio vectorial, sobre el cual están definidos los operadores en diferencias), se satisface,

$$\|Y_h\| \le M(\|\varphi_h\| + \|\mu_h\|) \qquad (4)$$

M es una constante independiente de h.

La condición (4) garantiza la estabilidad del esquema en diferencia (dependencia continua de la solución respecto al miembro derecho de la ecuación y las condiciones iniciales y/o de fronteras).

## Discretización de $\Gamma$.

Todo intervalo [a;b], para todo a y b reales puede ser reducido al intervalo [0;1], mediante un sencillo cambio de variable:

Para toda x del intervalo [a;b] ($\forall x \in [a;b]$) se satisface,

$a \le x \le b,$ restemos $a$ a todos los miembros de la inecuación ,

$0 \le x - a \le b - a,$ dividamos por $(b-a)$, todos los miembros de la inecuación ,

$0 \le \dfrac{x-a}{b-a} \le 1,$ haciendo $t = \dfrac{x-a}{b-a}$, tenemos $0 \le t \le 1$, $\forall t \in [0;1]$.

El resultado anterior nos permite, sin pérdida de generalidad, realizar todas nuestras construcciones para los valores de **x** sobre el intervalo [0;1].

VII.3 Casos unidimensional y bidimensional.

$\Gamma$= [0;1] $\subset \Re$. Lo que significa que nuestra región es el intervalo [0;1], entonces,

$$\Gamma_h = \left\{ x \in [0;1] : x_{i+1} = x_i + h;\ i = o,\ldots,n,\ n \in N;\ \ h = \frac{1}{n} \right\}$$

Lo anterior podemos escribirlo de la siguiente forma,

$$\Gamma_h = \begin{cases} x_0 = 0,\ \ x_1 = x_0 + h,\ \ x_2 = x_1 + h\ ,\ldots,\ \ x_{n-1} = x_{n-2} + h,\ x_n = 1; \\ h = \dfrac{1}{n},\ n \in N \end{cases}$$

Todo lo anterior no es más que: partiendo del valor inicial $x_0 = 0$ y una constante h, tomada convenientemente, generamos un conjunto de puntos hasta obtener el valor $x_n$=1, donde, los $x_i$ para i=1,2,...n –1 son valores que pertenecen a $G_h$ (valores distintos de cero y uno), $x_0$ y $x_n$ los valores en la frontera, $P_h$.

Para el caso bidimensional consideremos

$\Gamma = [0;\ell_1]x[0;\ell_2] \subset \Re^2$, **(figura 3),**

$$\Gamma_h = \begin{cases} (x,y) \in [0;\ell_1]\,x\,[0;\ell_2]:\ x_{i+1} = x_i + h;\ i = 1,\ldots,n,\ \ n \in N;\ \ \mathrm{h}_1 = \dfrac{\ell_1}{\mathrm{n}} \\ y_{j+1} = y_j + h;\ \ j = 1,\ldots,m,\ \ n \in N;\ \ \mathrm{h}_2 = \dfrac{\ell_2}{\mathrm{m}} \end{cases}.$$

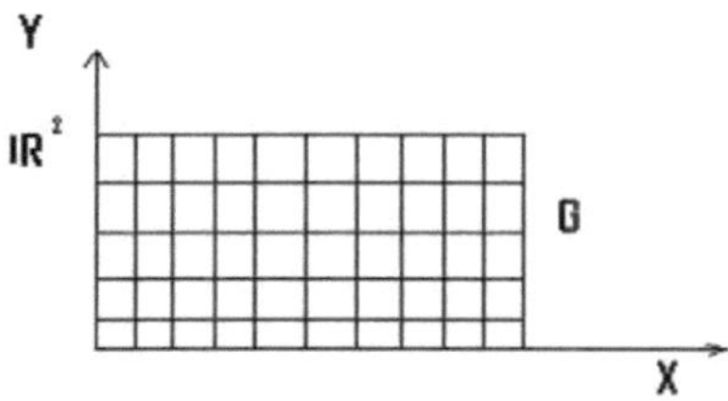


**Figura 3**

Si $\ell_1 = \ell_2 = 1$ y $n = m$ entonces $h_1 = h_2$ y $\Gamma$ es un cuadrado unitario.

## Ejemplo de aplicación del MDF a las EDO.

**I.-** Consideremos el problema de contorno unidimensional:

*U"(x) +2U(x)* =-x;    para  0<x<1

U (0) = 0    (5)

U (1) = x

Definamos el paso h=0,2, entonces $\Gamma_h$ viene expresado por el conjunto,

$$\Gamma_h = \{x_0 = 0,\ x_1 = 0{,}2,\ x_2 = 0{,}4\ ,\ x_3 = 0{,}6,\ x_4 = 0{,}6, x_5 = 1;\ h = 0{,}2\}$$

Nuestro objetivo es determinar los valores de U(x) sobre $\Gamma_h$.

Hagamos, $U(x_{i+1})=U_{i+1}$, $U(x_i)=U_i$ , $U(x_{i-1})=U_{i-1}$, en los nodos arbitrarios $x_{i+1}$, $x_i$, $x_{i-1}$, de $\Gamma_h$ , para

i = 0, 1, 2, 3, 4, 5

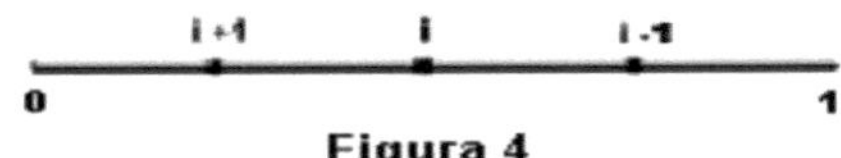


**Figura 4**

Sustituyendo en la ecuación diferencial ordinaria del problema de contorno (5), la segunda derivada por la diferencias finitas de segundo orden en los nodos $x_{i+1}$, $x_i$, $x_{i-1}$, para i=1, 2, 3, 4, se tiene,

$$\frac{U_{i+1} - 2U_i + U_{i-1}}{h^2} + 2U_i = -x$$

Multiplicando toda la ecuación por $h^2$, y ajustando las condiciones de fronteras obtenemos el esquema en diferencias,

$$U_{i+1} + 2U_i(h^2 - 1) + U_{i-1} = -h^2 x_i$$
$$U(x_0) = U_0 = 0 \qquad (6)$$
$$U(x_5) = U_5 = 1$$

Para i=1, 2, 3, 4, de la ecuación en diferencias de (10) obtenemos el siguiente sistema de ecuaciones lineales,

$-1{,}92U_1 + U_2 = -0{,}008$

U1 - 1,92U 2 +U3 = -0,016    (7)

$U_2 - 1{,}92U_3 + U_4 = -0{,}024$

$U_3 - 1{,}92U_4 = -1{,}032$

El sistema (11) en forma matricial queda expresado,

$$\begin{bmatrix} -1{,}92 & 1 & 0 & 0 \\ 1 & -1{,}92 & 1 & 0 \\ 0 & 1 & -1{,}92 & 1 \\ 0 & 0 & 1 & -1{,}92 \end{bmatrix} \begin{bmatrix} U_1 \\ U_2 \\ U_3 \\ U_4 \end{bmatrix} = \begin{bmatrix} -0{,}008 \\ -0{,}016 \\ -0{,}024 \\ -1{,}032 \end{bmatrix} \qquad (8)$$

Resolviendo el sistema con ayuda del MatLab y ajustando las condiciones de frontera obtenemos todos los valores de $U(x)$ sobre $\Gamma_h$.

$$\begin{bmatrix} U_0 \\ U_1 \\ U_2 \\ U_3 \\ U_4 \\ U_5 \end{bmatrix} = \begin{bmatrix} 0 \\ 0{,}3249 \\ 0{,}6159 \\ 0{,}8414 \\ 0{,}9757 \\ 1 \end{bmatrix}$$

Analicemos la estabilidad del esquema en diferencias mediante la condición (4).
$\|U_h\| \leq M(\|\varphi_h\| + \|\mu_h\|)$, ***M* es una constante que no depende de *h*.**

Calculamos, $\|\varphi_h(x)\| = \|-x_h\| = |-1|\,|x_h| = ((0{,}2)^2 + (0{,}4)^2 + (0{,}6)^2 + (0{,}8)^2)^{1/2} \approx 1{,}09544$

$\|\mu_h(x)\| = \|x_h\| = |x_h| = (0^2 + 1^2)^{1/2} = 1$

$\|U_h(x)\| = = (0^2 + (0{,}3249)^2 + (0{,}6159)^2 + (0{,}8414)^2 + (0{,}9757)^2 + 1^2)^{1/2} \approx 1{,}77346$

Sustituyendo en (4) obtenemos,

$$1{,}77346 \leq 2{,}09544M$$

$$\frac{1.77346}{2{,}00544} \leq M$$

$$0{,}84634 \leq M$$

El esquema en diferencias es estable para todo valor $M \geq 0{,}85$.

## Ejemplo de aplicación del MDF a las EDP, la ecuación parabólica:

$$\frac{\partial U}{dt} = 4\frac{\partial^2 U}{\partial^2 x} \tag{9}$$

Para $0 < x < 1$ y $t > 0$,

Con la condición inicial: $U(x, 0) = 5X^2$

Y las condiciones de fronteras: $U(0, t) = U(1, t) = 0$

Y con un paso: $h = \tau = 0,2$

Por el método de la diferencia finita tenemos que:

$$\frac{\partial^2 U}{\partial x^2} = \frac{U_{i+1j} - 2U_{ij} + U_{i-1j}}{h^2}$$

La diferencia finita de segundo orden con respecto a,

$$\frac{\partial U}{\partial t} = \frac{U_{i,j} - U_{i,j-1}}{\tau}$$

Diferencia finita de primer orden con respecto a t.

Sustituyendo en (14) las anteriores expresiones, obtenemos, .

$$\frac{U_{i,j} - U_{i,j-1}}{\tau} = 4\frac{U_{i+1,j} - 2U_{i,j} + U_{i-1,j}}{h^2} \tag{10}$$

Agrupando términos semejantes quedaría obtenemos la ecuación de la siguiente forma:

$$-\frac{4}{h^2}U_{i-1,j} + \left(\frac{1}{\tau} + \frac{8}{h^2}\right)U_{i,j} - \frac{4}{h^2}U_{i+1,j} = \frac{U_{i,j-1}}{\tau} \tag{11}$$

Como el paso h=0,2 y $\tau$ =0,2 , entonces $\Gamma_{h\tau}$ viene expresado por el conjunto,

$$\Gamma_{h\tau} = \{(x_i, t_j) \in [0,1]\, x\, \Re : x_i = x_{i-1} + h,\ t_j = t_{j-1} + \tau;\ \ h = 0,2,\ \tau = 0,2\}$$

Nuestro objetivo es determinar los valores de U(x,t) sobre $\Gamma_{h\tau}$ .

Hagamos, $U(x_{i+1},t_j)=U_{i+1,j}$ , $U(x_i,t_i)=U_{i,j}$ $U(x_{i-1},t_j)=U_{i-1,j}$ , $U(x_i,t_{j-1})=U_{i,j-1}$ en los nodos arbitrarios de $\Gamma_h$ , para i = 0, 1, 2, 3, 4, 5 y j = 0, 1, 2, 3, 4, 5

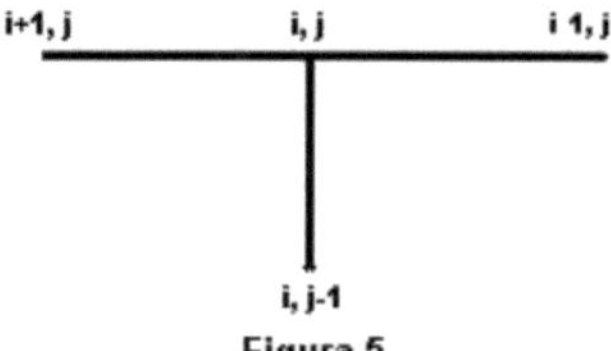

Figura 5

Calculando el número de particiones por la fórmula: $N=\frac{b-a}{h}$

Siendo a =0, b=1 y N=5, tenemos,

Para j=1 hasta N-1 sin incluir 0 y N ya que son las condiciones

Para i=1 hasta N-1 de fronteras dadas

Para i=1, j=1 y x=0,2 queda:

$$-\frac{4}{h^2}U_{0,1}+\left(\frac{1}{\tau}+\frac{8}{h^2}\right)U_{1,1}-\frac{4}{h^2}U_{2,1}=\frac{U_{1,0}}{\tau}$$

Siendo $U_{0,1}$ la condición de frontera para x=0 y $U_{1,0}$ la condición inicial .

Sustituyendo $\left(\frac{1}{\tau}+\frac{8}{h^2}\right)U_{1,1}-\frac{4}{h^2}U_{2,1}=\frac{5x_i^2}{\tau}$

Para el paso uno, x=0,2.

Para i=2, j=1 y x=0,4 obtenemos,

$$-\frac{4}{h^2}U_{1,1}+\left(\frac{1}{\tau}+\frac{8}{h^2}\right)U_{2,1}-\frac{4}{h^2}U_{3,1}=\frac{U_{2,0}}{\tau}$$

Sustituyendo $U_{2,0}$

$$-\frac{4}{h^2}U_{1,1}+\left(\frac{1}{\tau}+\frac{8}{h^2}\right)U_{2,1}-\frac{4}{h^2}U_{3,1}=\frac{5x_i^2}{\tau}$$

Para i=3, j=1 y x=0,6 queda:

$$-\frac{4}{h^2}U_{2,1}+\left(\frac{1}{\tau}+\frac{8}{h^2}\right)U_{3,1}-\frac{4}{h^2}U_{4,1}=\frac{U_{3,0}}{\tau}$$

Sustituyendo $U_{3,0}$

$$-\frac{4}{h^2}U_{2,1}+\left(\frac{1}{\tau}+\frac{8}{h^2}\right)U_{3,1}-\frac{4}{h^2}U_{4,1}=\frac{5x_i^2}{\tau}$$

Para i=4, j=1 y x=0,8 queda:

$$-\frac{4}{h^2}U_{3,1}+\left(\frac{1}{\tau}+\frac{8}{h^2}\right)U_{4,1}-\frac{4}{h^2}U_{5,1}=\frac{U_{4,0}}{\tau}$$

Sustituyendo $U_{4,0}$ y $U_{5,1}$

$$-\frac{4}{h^2}U_{3,1}+\left(\frac{1}{\tau}+\frac{8}{h^2}\right)U_{4,1}=\frac{5x_i^2}{\tau}$$

Construyendo SELNH, con matriz simetrica

$$\begin{bmatrix} \left(\frac{1}{\tau}+\frac{8}{h^2}\right) & -\frac{4}{h^2} & 0 & 0 \\ -\frac{4}{h^2} & \left(\frac{1}{\tau}+\frac{8}{h^2}\right) & -\frac{4}{h^2} & 0 \\ 0 & -\frac{4}{h^2} & \left(\frac{1}{\tau}+\frac{8}{h^2}\right) & -\frac{4}{h^2} \\ 0 & 0 & -\frac{4}{h^2} & \left(\frac{1}{\tau}+\frac{8}{h^2}\right) \end{bmatrix} \begin{bmatrix} U_{1,1} \\ U_{2,1} \\ U_{3,1} \\ U_{4,1} \end{bmatrix} = \begin{bmatrix} \frac{5x_1}{\tau} \\ \frac{5x_2}{\tau} \\ \frac{5x_3}{\tau} \\ \frac{5x_4}{\tau} \end{bmatrix}$$

Sustituyendo los valores de h, $\tau$ y x,

$$\begin{bmatrix} 205 & -100 & 0 & 0 \\ -100 & 205 & -100 & 0 \\ 0 & -100 & 205 & -100 \\ 0 & 0 & -100 & 205 \end{bmatrix} \begin{bmatrix} U_{1,1} \\ U_{2,1} \\ U_{3,1} \\ U_{4,1} \end{bmatrix} = \begin{bmatrix} 5 \\ 10 \\ 15 \\ 20 \end{bmatrix}$$

Haciendo uso del MATLAB al igual que el ejercicio anterior, el resultado es

$$\begin{bmatrix} U_{1,1} \\ U_{2,1} \\ U_{3,1} \\ U_{4,1} \end{bmatrix} = \begin{bmatrix} 0{,}0348 \\ 0{,}0614 \\ 0{,}0710 \\ 0{,}0541 \end{bmatrix}$$

Para i=1, j=2, x=0,2 y t=0,4

$$-\frac{4}{h^2}U_{0,2} + \left(\frac{1}{\tau} + \frac{8}{h^2}\right)U_{1,2} - \frac{4}{h^2}U_{2,2} = \frac{U_{1,1}}{\tau}$$

Sustituyendo $U_{0,2}$ quedaría:

$$\left(\frac{1}{\tau} + \frac{8}{h^2}\right)U_{1,2} - \frac{4}{h^2}U_{2,2} = \frac{U_{1,1}}{\tau}$$

Para i=2 quedaría

$$-\frac{4}{h^2}U_{1,2} + \left(\frac{1}{\tau} + \frac{8}{h^2}\right)U_{2,2} - \frac{4}{h^2}U_{3,2} = \frac{U_{2,1}}{\tau}$$

Para i=3 quedaría

$$-\frac{4}{h^2}U_{2,2} + \left(\frac{1}{\tau} + \frac{8}{h^2}\right)U_{3,2} - \frac{4}{h^2}U_{4,2} = \frac{U_{3,1}}{\tau}$$

Para i=4

$$-\frac{4}{h^2}U_{3,2} + \left(\frac{1}{\tau} + \frac{8}{h^2}\right)U_{4,2} - \frac{4}{h^2}U_{5,2} = \frac{U_{4,1}}{\tau}$$

Y como x=0,8 entonces $U_{5,2}$ cumple con la condición de frontera siendo igual 0 , quedando la ecuación :

$$-\frac{4}{h^2}U_{3,2} + \left(\frac{1}{\tau} + \frac{8}{h^2}\right)U_{4,2} = \frac{U_{4,1}}{\tau}$$

Construyendo la matriz del sistema:

$$\begin{bmatrix} \left(\frac{1}{\tau}+\frac{8}{h^2}\right) & -\frac{4}{h^2} & 0 & 0 \\ -\frac{4}{h^2} & \left(\frac{1}{\tau}+\frac{8}{h^2}\right) & -\frac{4}{h^2} & 0 \\ 0 & -\frac{4}{h^2} & \left(\frac{1}{\tau}+\frac{8}{h^2}\right) & -\frac{4}{h^2} \\ 0 & 0 & -\frac{4}{h^2} & \left(\frac{1}{\tau}+\frac{8}{h^2}\right) \end{bmatrix} \begin{bmatrix} U_{1,2} \\ U_{2,2} \\ U_{3,2} \\ U_{4,2} \end{bmatrix} = \begin{bmatrix} \frac{U_{1,1}}{\tau} \\ \frac{U_{2,1}}{\tau} \\ \frac{U_{3,1}}{\tau} \\ \frac{U_{4,1}}{\tau} \end{bmatrix}$$

Sustituyendo los valores de h, $\tau$ y x

$$\begin{bmatrix} 205 & -100 & 0 & 0 \\ -100 & 205 & -100 & 0 \\ 0 & -100 & 205 & -100 \\ 0 & 0 & -100 & 205 \end{bmatrix} \begin{bmatrix} U_{1,2} \\ U_{2,2} \\ U_{3,2} \\ U_{4,2} \end{bmatrix} = \begin{bmatrix} 0.8700 \\ 1.5340 \\ 1.7740 \\ 1.3535 \end{bmatrix}$$

Resultando:

$$\begin{bmatrix} U_{1,2} \\ U_{2,2} \\ U_{3,2} \\ U_{4,2} \end{bmatrix} = \begin{bmatrix} 0.0228 \\ 0.0381 \\ 0.0400 \\ 0.0261 \end{bmatrix}$$

Podrán percatarse que todos los sistemas que se forman para cada iteraron de j es de la forma:

$$\begin{bmatrix} \left(\frac{1}{\tau}+\frac{8}{h^2}\right) & -\frac{4}{h^2} & 0 & 0 \\ -\frac{4}{h^2} & \left(\frac{1}{\tau}+\frac{8}{h^2}\right) & -\frac{4}{h^2} & 0 \\ 0 & -\frac{4}{h^2} & \left(\frac{1}{\tau}+\frac{8}{h^2}\right) & -\frac{4}{h^2} \\ 0 & 0 & -\frac{4}{h^2} & \left(\frac{1}{\tau}+\frac{8}{h^2}\right) \end{bmatrix} \begin{bmatrix} U_{1,j} \\ U_{2,j} \\ U_{3,j} \\ U_{4,j} \end{bmatrix} = \begin{bmatrix} \frac{U_{1,j-1}}{\tau} \\ \frac{U_{2,j-1}}{\tau} \\ \frac{U_{3,j-1}}{\tau} \\ \frac{U_{4,j-1}}{\tau} \end{bmatrix}$$

Utilizaremos en la matriz de términos independientes los valores que se obtienen en la iteración anterior. En el caso de j=1 esta matriz se forma a partir de las condiciones iniciales.

Entonces para j=3 , $\tau$ =0,6 se obtiene,

$$\begin{bmatrix} 205 & -100 & 0 & 0 \\ -100 & 205 & -100 & 0 \\ 0 & -100 & 205 & -100 \\ 0 & 0 & -100 & 205 \end{bmatrix} \begin{bmatrix} U_{1,3} \\ U_{2,3} \\ U_{3,3} \\ U_{4,3} \end{bmatrix} = \begin{bmatrix} 0,0380 \\ 0,0635 \\ 0,0666 \\ 0,0435 \end{bmatrix}$$

Resultando:

$$\begin{bmatrix} U_{1,3} \\ U_{2,3} \\ U_{3,3} \\ U_{4,3} \end{bmatrix} = \begin{bmatrix} 0,0009 \\ 0,0015 \\ 0,0015 \\ 0,0010 \end{bmatrix}$$

Para j=4, $\tau$ =0,8 quedaría la matriz del sistema:

$$\begin{bmatrix} 205 & -100 & 0 & 0 \\ -100 & 205 & -100 & 0 \\ 0 & -100 & 205 & -100 \\ 0 & 0 & -100 & 205 \end{bmatrix} \begin{bmatrix} U_{1,4} \\ U_{2,4} \\ U_{3,4} \\ U_{4,4} \end{bmatrix} = \begin{bmatrix} 0,001125 \\ 0,001875 \\ 0,001875 \\ 0,00125 \end{bmatrix}$$

Resultando:

$$\begin{bmatrix} U_{1,4} \\ U_{2,4} \\ U_{3,4} \\ U_{4,4} \end{bmatrix} = \begin{bmatrix} 0,267*10^{-4} \\ 0,4358*10^{-4} \\ 0,437*10^{-4} \\ 0,274*10^{-4} \end{bmatrix}$$

- Algunas conclusiones que se obtiene de los ejemplos presentados:

-Poseen un alto orden, igual al número de nodos de la red.

-El sistema está mal condicionado (la relación entre el valor propio máximo y el mínimo de la matriz del sistema es grande.)

$$|\lambda_{max} - \lambda_{min}| > L > 1$$

-La matriz del sistema es simétrica, enrarecida, es decir en cada una de las filas son distintos de cero, varios elementos cuyo número no depende de la calidad de los nodos.

## VII.4 Introducción a los Método de Elementos Finitos (MEF).

El método de los elementos finitos se utiliza dentro de la Ingeniería en la proyección de aviones y automóviles, cohetes cósmicos, motores térmicos y eléctricos, reacciones nucleares etc.

En el MEF se divide la región, con ayuda de una red, en subregiones separadas llamadas elementos finitos. La función continua a trozo, definida en el conjunto de elementos finitos se aproxima empleando generalmente funciones polinomiales.

Para MEF el proceso de descritización del problema de contorno inicial se realiza sobre la base de los Métodos Varacionales o de los Métodos de Proyección, donde se conjuga lo mejor de estos.

Este método ha demostrado efectividad cuando los datos (coeficientes de la ecuación diferencial, condiciones iniciales y/o de frontera) no satisfacen las propiedades de suavidad, (entiéndase la continuidad de las funciones y sus derivadas que intervienen como datos del problema) así como aquellos problemas en que la región a discretizar es muy compleja.

El algoritmo del MEF puede ser definido en las siguientes etapas:

Etapa 1: División de la región en elementos finitos donde está definida la función (separación de los elementos finitos).

Etapa 2: Determinación de las funciones de aproximación de los elementos finitos (encontrar la función del elemento finito).

Etapa 3: Formación del conjunto de elementos, o sea, la unión de las funciones de aproximación de los elementos en un modelo común de la función buscada.

Etapa 4: Determinación de vector de valores en los nodos de la función continúa buscada. Esta es una de las etapas importantes del método, la cual puede ejecutarse de dos maneras.

1. Minimización de una funcional escogida de acuerdo al significado físico del problema. (Métodos Varacionales, ejemplo método de Ritz).
   Nota: Una funcional es una función definida sobre un espacio de funciones.
2. El método de Galerkin, que se basa en la minimización de los errores de la solución del problema con ayuda de un modelo aproximado.
   Como resultado se debe obtener un sistema de ecuaciones, cuya solución responde aproximadamente a la solución del vector de valores desconocidos.

## Discretización de $\Gamma$.

En los métodos de elementos finitos es necesario determinar una función dentro de la clase de funciones en la cual la funcional de energía toma el valor mínimo es decir (Problemas de Calculo Varacional).

Sea $H_0$ el espacio lineal de las funciones que se anulan en el extremo del intervalo y cuyas primeras derivadas son de cuadrado integrables.

Entonces el problema queda expresado,

Hallar $u \in H_0$ tal que:

$J(u) = \min J(v)$, para todo $v \in H_0$

Donde J(v) es la funcional de energía.

$$H_0 = \left\{ u : \int_a^b \left(U'(x)\right)^2 dx < \infty;\quad U(a) = U(b) = 0 \right\};$$

La función U(x) se expresa como una combinación lineal de una base finita de funciones, en un subespacio de $H_0$.

$$U(x) = \sum_{i=1}^{n} B_i \phi_i(x)$$

Donde $Ø_i(x)$ son las funciones bases.

## Las funciones bases en el MEF.

Aunque el método de Ritz da una estrategia elegante para la construcción de las soluciones aproximadas que minimizan las funcionales de energía éste tiene inconveniente serio, no existe una vía sistemática de construir de manera razonable las funciones bases $\emptyset_i(x)$. Para las funciones de prueba Vn, además son arbitrarias por ser miembros independientes de la clase $H'_0$, subespacio de $H_0$.

Para la selección de las funciones bases tenemos un número grande de posibilidades y con el conocimiento incomodo de que la calidad de la solución aproximada dependerá fuertemente de las propiedades de ellas. La situación es peor en los problemas de contorno bi – y tri-dimensionales, en las que las funciones bases $\emptyset_i(x)$ deberán satisfacer condiciones de contorno en dominios con geometría complicadas.

Además de todo esto una pobre selección de las $\emptyset_i$ puede producir una matriz de rigidez "mal condicionada" y el sistema lineal puede resultar difícil de resolver dentro de los límites aceptables de precisión.

Por estas razones, particularmente la dificultad de considerar geometría irregular en 2 y 3 dimensiones, el método clásico de Ritz, tiene un uso bastante limitado. Estas dificultades sustanciales se pueden resolver utilizando el MEF, el mismo da una técnica general y sistemática para la construcción de las funciones bases para la minimización de las funcionales de energía.

La idea principal es que las funciones bases $\emptyset_i$ se puedan definir por tramos sub-dominios del dominio, y que sobre cualquier subdominio las $\emptyset_i$ se puedan seleccionar funciones muy simples tales como polinomios de bajo grado.

## Criterios a tener en consideración para construir las funciones bases.

1. Las funciones bases son generadas por funciones sencillas (polinomios), definidas por tramos, el elemento, sobre la red de elementos finitos.
2. Las funciones bases se seleccionan de tal forma que los parámetros que definen la solución aproximada $U_h$ son los valores de $U_h(x)$ en los nodos de la red.

Para construir las funciones bases $\phi_i(x)$, se realiza una partición del dominio $\Gamma$= GUP, donde G es el interior de la región y P su frontera, en un número finito de elementos (Fig. 2).

$$GUP = \bigcup_{i-1}^{N} \Omega_i$$

Figura 2

Dentro de cada elemento $\Omega_i\,(i = 1, \ldots, n)$ se identifican nodos sobre los que se definen las funciones bases las cuales son elementos de la clase $H_0$ , siendo en general escogidos los polinomios por sus propiedades de suavidad y sencillez al operar con ellos.

Se construye un sistema de ecuaciones algebraicas que al ser resueltos nos da los valores de la función incógnita en los nodos de la red.

### VII.4.1 Ejemplos de aplicación del MEF.

Formulación general del problema de contorno para una EDO de segundo orden.

Sea la ecuación:

$$\begin{cases} K(x)\,U''(x) + C(x)\,U'(x) + B(x)\,U(x) = f(x) \\ \forall x \in \Omega = [0,1] \\ \text{Con las condiciones de contorno} \\ \alpha_0\,U'(0) + \beta_0\,U(0) = \delta_0 \\ \alpha_1\,U'(1) + \beta_1\,U(1) = \delta_1 \end{cases}$$

Primeramente se hace una partición del Dominio $\Omega$ (digamos el intervalo $0 \leq x \leq 1$); en un número finito de elementos $\Omega_i$ , i = 1,2, ...,N

| $\Omega_1$ | ... | $\Omega_N$ |
|---|---|---|
| $X_0 = 0$ | ... | $X_N = 1$ |

La longitud de cada elemento finito $\Omega_i$ se denotará por "$h_i$". Si los elementos son de igual longitud se denotará por "h". Dentro da cada elemento se identifican conjuntos de puntos llamadas nodos (nudos) ó puntos nodales, los que juegan un papel importante en las construcciones de los elementos finitos.

Habíamos denotado por $H_0$ el espacio de las funciones $U_h$ y $V_h$ donde era el parámetro que indicaba el número de funciones bases utilizadas.

El MEF acostumbra a tomar una red de paso constante "h" como un parámetro, de modo que al tomar h más pequeño habrá que introducir más elementos y por consiguiente más funciones bases tendrán que ser suministradas para $H_0$ (a cada elemento le corresponderá una función base).

Se desea determinar la función U(x) Є $H_0$ [0,1], $H_0$ [0,1] espacio de funciones con primeras derivadas cuadrado integrable que satisfaga la ecuación y las condiciones de contorno.

## Solución del problema por el MEF.

La solución puede definirse siguiendo el algoritmo:

1) Determinar un subespacio $H_h(\Omega)$, tal que, lim $H_h(\Omega)$ = N, cuando h tiende a infinito.
2) Determinar una base del subespacio $H_h(\Omega)$, pueden ser utilizados los polinomios auxiliares de Lagrange,

$$\prod_{i \neq j} \frac{x - x_j}{x_i - x_j} = \varphi_i(x) = \{\varphi_j(x)\}_{j=1}^{N}$$

3) Construimos la solución aproximada $U_h = \sum_{i=1}^{N} U_i \varphi_i(x)$
4) Determinar la matriz de rigidez como:

$$K_{i,j}^{e} = \int_0^1 (K\varphi'_j\varphi'_i + C\varphi'_j\varphi_i + b\varphi_j\varphi_i)dx - \frac{K(0)\beta_0\varphi_j(0)\varphi_i(0)}{\alpha_0} + \frac{K(1)\beta_1\varphi_j(1)\varphi_i(1)}{\alpha_1}$$

5) Determinar el vector de fuerza :

$$F_i^e = \int_0^1 [f\varphi_i]dx - \frac{K(0)\delta_0\varphi_i(0)}{\alpha_0} + \frac{K(1)\delta_1\varphi_i(1)}{\alpha_1}$$

6) Escribir el sistema: K U = F , donde,

K = [ $K_{i,j}$] matriz de rigidez
F = [$F_i$] vector de carga
U = [$U_i$] incógnita del sistema

7) Solución del sistema anterior por algún método numérico, mediante un asistente matemático, ejemplo MatLab, ajustando las condiciones de contorno.

---

## Formulación general del problema de contorno para la ecuación elíptica:

Sea $-K(x,y)\,\Delta U = f(x,y)$ , $\forall(x,y)\in G$, donde, $\Delta U = \frac{\partial^2 U}{\partial x^2} + \frac{\partial^2 U}{\partial y^2}$

$U(x,y) = b(x,y)$ , $\forall(x,y)\in P$

Consideremos las funciones f(x,y) y b(x,y), funciones de clase con primera derivada cuadrado integrable.

### Solución del problema por el método de elementos finitos:

Se siguen las ideas expuestas en el caso de la EDO de segundo orden.
Introduciendo las siguientes modificaciones.
Vamos a discretizar la región por medio de triángulos de la siguiente forma:

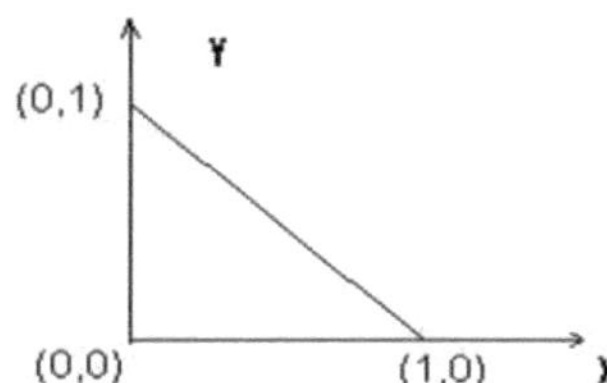


Y sobre este trianguló definimos las funciones bases:

$$\{\varphi_j(x,y)\}_{j=1}^{N}$$

Se construyen como polinomio auxiliares de Lagrange, entonces, construimos la función: $U_h(x,y) = \sum_{i=1}^{N} U_j \varphi_j(x,y)$

Obtenemos la matriz $K_{i,j}$ en la forma :

$$K_{i,j}^{e} = \iint_{G^e} K\,[\,(\varphi'_{xi}\varphi_{xj} + \varphi_{yi}\varphi'_{yj} + b\varphi_i\varphi\,)]\,dx\,dy$$

$$f_i^{e} = \iint_{G^e} f \;\varphi_i \;dx\,dy$$

Escribimos el sistema K U = F (1)

*K : matriz de rigidez*

U : vector desconocido de valores nodales, de la función continua buscada

F : vector de carga

En los problemas reales para lograr una exactitud aceptable de la solución, se requiere dividir el objeto de estudio en varias decenas de miles de elementos, con aproximadamente la misma cantidad de nodos por lo que el sistema (1) posee gran dimensión. Para cada elemento finito será necesario resolver una ecuación del tipo (1). Mediante un asistente matemático por ejemplo MatLab, ajustando las condiciones de contorno.

---

Actualmente se trabaja de manera intensa la modelación aplicando técnicas de elementos finitos como complemento del diseño y reparación en diferentes ramas, como es la salud, la ingeniería naval y aeronáutica, civil y mecánica entre otras.

Los métodos de simulación como es el MEF, superan a los cálculos analíticos realizados por el_hombre, desde el punto de que se pueden obtener resultados con la modelación computacional más confiables y cercanos a la práctica.

## Ejercicios propuestos.

Dados las siguientes ecuaciones de la física-matemática, con las condiciones iniciales y de frontera:

I.
$$\frac{\partial^2 u(t,x)}{\partial t^2} = a^2 \frac{\partial^2 u(t,x)}{\partial x^2} + t\, sen 2x,$$
$$u_{x=0} = 0, \quad u_{x=\pi} = \frac{\pi}{2} \qquad , \qquad 0 < x < \pi, \quad t > 0$$
$$u_{t=0} = sen\frac{3\pi}{2}, \quad \frac{\partial u}{\partial t} = 0$$

II.
$$\frac{\partial^2 u(t,x)}{\partial x^2} + \frac{\partial^2 u(t,x)}{\partial y^2} = 0,$$
$$u_{x=0} = 0, \quad u_{x=2} = \frac{\pi}{2}x, \quad 0 \le x \le 2$$
$$u_{y=0} = 0, \quad u_{y=5} = y, \quad 0 \le y \le 2$$

a) Identificar e interpretar que problema físico, expresan las ecuaciones y las condiciones impuestas.
b) Determinar el valor aproximado de la solución de los problemas presentados por el MDF, con un paso, $h = \tau = 0{,}2$ . Empleando un asistente matemático.
c) Determinar el número de cifras significativas correctas, en los resultados aproximados obtenidos.

III. Investigar y describir al polinomio de Lagrange, para el caso bidimensional.

**BIBLIOGRAFÍA:**

Amelkin. I (1998): Ecuaciones Diferenciales y ecuaciones a la Practica. Editorial Nauka.

Blanco. A y Colectivo (2004): Matemática Numérica. Editorial Félix Varela.

Botello, S., Esqueda, H., Gómez, F., Moreles, M., Oñate, E. (2003). MEFI 1.0. Módulo de aplicaciones del método de elementos finito.

Krosnov. A y Colectivo (1990): Curso de Matemáticas Superiores para ingenieros. Vol I, II. Editorial Mir.

Bronshtein. I, Semediaev. K (1990): Manual de Matemática para Ingenieros y Estudiantes. Editorial Nauka.

Otero. A y Colectivo (2018): Elementos de Álgebra Lineal y Geometría del Plano para Ingenieros. Editorial Científica, 3Ciencias.

Otero. A(2008): Introducción a los métodos numéricos para los problemas de contorno, URL:http://www.monografias.com/trabajos71/introduccion-metodos-numericos-probemas-contorno/introduccion-metodos-numericos-probemas-contorno.shtml.

O.C. Zienkiewicz, R.L. Taylor (2000): El Método de los Elementos Finitos, Formulación Básica y Problemas Lineales, CIMNE, 4ta Edición, Volumen I.

Ralston, A., (1970) Introducción al análisis numérico. Limusa-Wiley.

Volko. I(1998): Métodos Numéricos. Editorial Mir.

Yang. T (1996); Finite Elements Structural Analysis. Editorial Hall Prince.

Yancey Robert, Ph D. Shushi Khurana (2004): Including Weld Process Modeling in Structural and Durability Modeling. Product of development Conference. MSC Software. California. EWI, The Materials Joinints Expert. http://MSC.software.welding process/virtual2004v[pd]

Printed by Books on Demand GmbH, Norderstedt / Germany